高职高专规划教材

通信建设工程概预算

第二版

于润伟 主编

化学工业出版社

·北京·

本书从初学者的角度出发，系统地介绍了通信建设工程项目管理、建设程序、工程造价、价款结算和工程定额等内容，通过由简单到复杂的工程实例，循序渐进地帮助读者学会通信建设工程的项目分类、工程识图、工程量计算、费用计取以及概预算文件的编制方法，结合实训使读者感到易学易懂、简单实用。

本书注重精讲多练、内容先进，可作为高职高专院校通信技术或通信工程专业的教材，也可作为通信概预算师的培训教材，以及从事通信建设工程规划、设计、施工和监理人员的参考书。

图书在版编目（CIP）数据

通信建设工程概预算/于润伟主编. —2版. —北京：化学工业出版社，2012.5（2022.3重印）

高职高专规划教材

ISBN 978-7-122-13811-8

Ⅰ.通…　Ⅱ.于…　Ⅲ.①通信工程-概算编制②通信工程-预算编制　Ⅳ.TN91

中国版本图书馆CIP数据核字（2012）第046953号

责任编辑：王文峡　　文字编辑：闫　敏

责任校对：顾淑云　　装帧设计：韩　飞

出版发行：化学工业出版社（北京市东城区青年湖南街13号　邮政编码100011）

印　　装：北京虎彩文化传播有限公司

787mm×1092mm　1/16　印张10¾　字数244千字　2022年2月北京第2版第3次印刷

购书咨询：010-64518888　　售后服务：010-64518899

网　　址：http://www.cip.com.cn

凡购买本书，如有缺损质量问题，本社销售中心负责调换。

定　　价：34.00元

版权所有　违者必究

第二版前言

随着通信技术的飞速发展和通信业务的不断拓展，作为重点建设的通信传输网每年的建设工程无以计数，这就需要大批的工程设计、施工、维护和监理等技术人员。高职教育以就业为导向，面向社会、面向市场办学的指导思想，使通信工程专业把人才培养目标定位在通信建设和服务一线，培养工程项目管理、概预算文件编制、施工指导和工程监理等技能，为各级各类通信建设工程公司、规划设计院、通信监理公司输送合格人才。

《通信建设工程概预算》第一版自2007年出版以来，备受广大师生的欢迎，鉴于我国高等职业教育形式的发展和通信类企业的人才需求变化，我们对《通信建设工程概预算》进行了修订。此次修订后的《通信建设工程概预算》（第二版）以工业和信息化部［2008］75号文件为依据，采用2008版预算定额、新的预算编制办法和费用定额，对所有例题和实例进行了重新编写；更新了概预算软件，选用普及面更广、应用面更宽的广东建软软件技术公司开发的《超人通信工程概预算2008版》（学习版），能够满足教学的需要。

《通信建设工程概预算》（第二版）针对通信建设工程的需要和特点，结合工业和信息化部《通信建设工程概预算师》的考试大纲，介绍了通信工程项目分类、建设程序、定额、工程设计、工程量计算、费用标准、概预算文件的编制方法等内容，共分为以下5章。

第1章　主要讲解建设工程项目管理的相关内容，包括建设项目、工程建设程序、可行性研究、项目造价以及工程价款结算等内容。通过本章的学习，读者能够了解建设工程从立项、施工到结算的建设程序，对建设项目管理有所认识。

第2章　主要讲解通信建设工程的类别划分、概算、预算定额编制及使用方法。通过本章的学习，读者能够了解通信工程类别、学会使用定额，能够通过定额查找工程项目的人工工日、主要材料、机械和仪表的消耗量，实训内容是通信建设工程预算定额的使用。

第3章　讲解通信工程图纸的绘制方法、常用图例、线路工程量和设备工程量的计算方法。本章从实用角度出发，结合工程实例，使读者能够看懂施工图并根据施工图计算通信工程的工程量。重点是通信线路工程量计算。

第4章　讲解通信工程的费用构成及其标准。读者能够根据通信工程的工程量计算工程所需的人工工日、机械台班和材料消耗等项目，并统计各个项目所需的费用，为编制工程预算文件和造价控制打下基础。

第5章　是本教材的重点，讲解通信工程预算文件编制方法，通过长途干线管道穿光缆、通信管道、直埋、架空和移动基站设备及馈线安装等五个工程实例，学习预算文件的编制程序和方法。实训内容是学习《超人通信概预算软件》的使用。通过本章的学习，为读者成为通信工程概预算师奠定基础。

考虑到高职学生的学习习惯和接受能力，建议教学学时为72学时，其中理论教学为36学时、校内实训教学为24学时、校外（施工现场）实训为12学时。本书的理论教学和实训内容安排合理，适合案例教学和项目教学方法。

本书由黑龙江农业工程职业学院于润伟主编；淮安信息职业技术学院于正永、广东科学技术职业学院聂春、黑龙江农业工程职业学院鄢长卿、北京信息职业技术学院黄一平、吕燕参与编写。在本书的编写过程中，得到了哈尔滨立信电子信息工程有限责任公司、黑龙江省同信规划设计公司的大力支持，在此表示真诚的谢意。

由于编者水平有限，对一些问题的理解和处理难免有不当之处，衷心希望使用本书的读者批评指正。

编　者

2012年3月

第一版前言

随着通信技术的飞速发展和通信业务的不断拓展，作为重点建设的通信传输网每年的建设工程无以计数，这就需要大批的工程设计、施工、维护和监理等技术人员。高职高专“以就业为导向，面向社会、面向市场办学”的指导思想，使通信工程专业把人才培养目标定位在通信建设和服务一线的技能型人才，培养工程项目管理、概预算文件编制、施工指导和工程监理等技能，为各级各类通信建设工程公司、规划设计院、通信监理公司输送合格人才。

针对通信建设工程的需要和特点，结合信息产业部《通信建设工程概预算师》的考试大纲，本书介绍了通信工程项目分类、建设程序、定额、工程设计、工程量计算、费用标准、概预算文件的编制方法等内容，共分为以下5章。

第1章主要讲解建设工程项目管理的相关内容，包括建设项目、工程建设程序、可行性研究、项目造价以及工程价款结算等内容。通过本章的学习读者能够了解建设工程从立项、施工到结算的建设程序，对建设项目管理有所认识。

第2章主要讲解通信建设工程的类别划分、概预算定额编制及使用方法。通过本章的学习读者能够了解通信工程类别、学会使用定额，能够通过定额查找工程项目的人工工日、主要材料和机械的消耗量，实训内容是通信建设工程预算定额的使用。

第3章讲解通信工程图纸的绘制方法、常用图例、线路工程量和设备工程量的计算方法。本章从实用角度出发，结合工程实例，使读者能够看懂施工图并根据施工图计算通信工程的工程量。重点是通信线路工程量计算。

第4章讲解通信工程的费用构成及其标准。读者能够根据通信工程的工程量计算工程所需的人工工日、机械台班和材料消耗等项目，并统计各个项目所需的费用，为编制工程预算文件和造价控制打下基础。

第5章是本教材的重点，讲解通信工程概预算文件编制方法，通过长途干线管道穿光缆、通信管道、直埋、架空和移动基站设备安装等五个工程实例，学习概预算文件的编制程序和方法。实训内容是学习通信工程概预算软件5.5的使用。通过本章的学习，为读者成为通信工程概预算师奠定基础。

考虑到高职高专学生的学习习惯和接受能力，本书的理论教学和实训内容安排合理，适合案例教学和项目教学方法。建议学时为78学时，其中理论教学为36学时、校内实训教学为24学时、校外（施工现场）实训为18学时。

本书由于润伟主编，杨桦、朱晓慧参与编写。其中杨桦编写第1章、第2章；

朱晓慧编写第3章、第4章；于润伟编写第5章和附录。谢良库工程师为本书编写提出了很多宝贵的意见，并审阅了全书。在本书的编写过程中，得到了黑龙江省通信规划设计公司、黑龙江信息工程职业学院、南京工业职业技术学院的大力支持，在此表示感谢。

由于编者水平有限，对一些问题的理解和处理难免有不妥之处，衷心希望使用本书的读者批评指正。

编　者
2006年8月

目录

1 建设工程项目管理

学习指南 ▶▶▶

本章主要讲解建设工程项目管理的相关内容，包括建设项目、工程建设程序、可行性研究、工程造价以及价款结算等，要求了解建设工程从立项、施工到结算的建设程序，对建设项目管理形成感性认识。

1.1 项目管理

项目管理是一门新兴的管理科学，是现代工程技术、管理理论与项目建设实践相结合的产物，经过数十年的发展和完善已日趋成熟，并以经济上的明显效益在各发达工业国家得到广泛应用。实践证明，在建设领域中实行项目管理，对于提高项目质量、缩短建设周期、节约建设资金都具有十分重要的意义。

1.1.1 项目

项目是指在一定的约束条件下（如质量、进度、投资、安全等），具有专门组织和特定目标的一次性任务。可以具体描述为：项目是一项具有特定目标的有待完成的专门任务，是在一定组织构架内，在限定的资源条件下，在计划的时间内，按满足一定的质量、进度、投资、安全等要求完成的任务。重复进行的、大批量的、目标不明确的、局部的任务都不能叫做项目。项目的种类很多，例如我国每个五年、十年计划都有许多重点工程项目，如三峡工程、二滩水电站、京九铁路等；各个地区、各个城市都有区域性建设项目或城市建设项目，如经济开发区项目、城区改造项目、高速公路项目、城市地铁项目、住宅小区建设项目等；各种形式的新产品研制开发项目、中外合资项目、技术改造项目等；各种形式的社会项目，如扶贫工程、希望工程、申办和举办各类运动会等；各种军事和国防工程项目，如航天工程、军用飞机的研制项目等；国家和地区的各种科技和发展项目，如星火计划、科技下乡等。这些项目已成为社会生活中不可缺少的部分，国民经济的发展、社会的进步、地区的繁荣、企业的兴旺已越来越依赖于这些项目的实施。项目具有如下特征。

（1）一次性　项目都是具有特定目标的一次性任务，既有明确的结束点，又有特定的目标。在结束点任务完成，此项目即告结束，所有项目没有重复。但项目的一次性属性是对项目整体而言的，并不排斥在项目中存在着重复性的工作。

（2）唯一性　唯一性是指每个项目的内涵是唯一的或是专门的。每个项目都有自己特定的目标、任务、内容和实施过程，是独立的和唯一的。因此，任意两个项目绝不可能是完全相同的，项目都是有区别的，每一个项目都具有特定的唯一性。

（3）目标的明确性　每个项目的总任务和最终目标是特定的，项目目标有成果性目标和约束性目标。成果性目标是指对项目的功能要求，如新建的发电厂项目，要有一定的发电能力；约束性目标是指对项目的约束条件或限制条件，一般约束条件为限定的时间、限定的质量、限定的投资和限定的空间等。项目实施过程中的各项工作都是为完成项目特定目标而进行的。

(4) 寿命周期性　项目的一次性决定项目有明确的结束点，即任何项目都有其产生、发展和结束的时间，也就是项目具有寿命周期。在项目寿命周期内，在不同的阶段都有特定的任务、程序和内容。掌握和了解项目的寿命周期，就可以有效地对项目进行管理和控制。例如建设项目的寿命周期可分为：建设项目的决策评估阶段、设计阶段、招投标阶段、施工阶段、施工验收阶段、投入使用阶段、项目完成后评价阶段等。因此，掌握项目寿命周期，才能实现各阶段约束条件下的目标，直至实现项目总任务和总目标。

此外，项目特征还表现在：项目有明确定义的最终结果、有预算与质量要求、有完成时间、有特定的组成要素、项目实施要动用一定数量的资源等。

1.1.2 建设项目

建设项目是指需要一定的投资，按照一定的程序，在一定时间内完成，符合质量要求的以形成固定资产为明确目标的一次性任务。一个建设项目就是一个固定资产投资项目，是由一个或若干个具有内在联系的工程所组成的总体。建设项目是项目的一个重要类别，也是项目管理的重点。建设项目除具有项目的一般特征外，还具有以下一些特征。

(1) 有特定的对象　任何建设项目都有具体的对象，是建设项目的基本特征。根据建设项目的概念，一个建设项目要有一个总体的设计，否则是不能被叫做一个建设项目的。

(2) 可进行统一的、独立的项目管理　由于建设项目是一次性的特定任务，是在固定的建设地点、经过专门的设计、并应根据实际条件建立一次性组织，进行施工生产活动，因此，建设项目一般在行政上实行统一管理，在经济上实行统一核算，由一次性的组织机构实行独立的项目管理。

(3) 建设过程具有程序性　一个建设项目从决策开始到项目投入使用，取得投资效益，要遵循必要的建设程序和经历特定的建设过程。

(4) 特殊的组织和法律条件　建设项目的组织是一次性的，随项目的产生而产生，随项目的结束而消亡；项目参加单位之间主要以合同作为纽带而相互联系，同时以合同作为分配工作、划分权利和责任关系的依据。建设项目适用与其建设和运行相关的法律，如建筑法、合同法、招标投标法等。

1.1.3 建设项目分类

建设项目从有人类历史以来就存在于人类生活和生产中，在社会生活和经济发展中起着重要的作用。为了加强建设项目管理，正确反映建设项目的内容及规模，可按不同角度和标准对建设项目进行分类。

1.1.3.1 按建设性质分类

建设项目按其建设性质不同，可划分成基本建设项目和更新改造项目两大类。

(1) 基本建设项目　投资建设用于进行以扩大生产能力或增加工程效益为主要目的的新建、扩建工程及有关工作，包括新建、扩建、迁建和恢复项目。

① 新建项目是指以技术经济和社会发展为目的，从无到有的建设项目。对于新增加的固定资产价值超过原有全部固定资产价值（原值）3 倍以上时，才可作为新建项目。

② 扩建项目是指企业为扩大生产能力或新增效益而增建的生产车间或工程项目，以及其他单位增建的业务用房等。

③ 迁建项目是指某个单位因某些原因迁移到其他地点，需重建的建设项目。

④ 恢复项目是指原固定资产因自然灾害或人为灾害等原因已全部或部分报废，需投资重建的项目。

（2）更新改造项目　指建设资金用来对原有设施进行技术改造或固定资产更新，同时对相应配套的辅助生产、生活福利等工程进行建设及进行其他有关工作。更新改造项目一般包括补缺配套工程、扩容工程、节能工程等。

1.1.3.2　按投资作用分类

建设项目按其投资在国民经济各部门中的作用，分为生产性建设项目和非生产性建设项目。

（1）生产性建设项目　是指直接用于物资生产或直接为物资生产服务的建设项目，主要包括工业项目、农业项目、基础设施建设、商业建设等。

（2）非生产性建设项目　是指用于满足人民物质和文化需要的建设和非物质生成部门的建设。主要包括办公用房、居住建筑、公共建筑等。

1.1.3.3　按投资规模分类

基本建设项目按投资规模的不同可划分为大型、中型和小型三类；更新改造项目按投资规模可划分为限额以上和限额以下两类。不同等级标准的建设项目，国家规定的划分标准、审批机关和报建程序也不同。通信固定资产投资计划项目的划分标准分为基建大中型项目和技改限上项目、基建小型项目和技改限下项目两类。

（1）基建大中型项目和技改限上项目　基建大中型项目是指长度在 500km 以上的跨省、区长途通信电缆、光缆工程，长度在 1000km 以上的跨省、区长途通信微波工程以及总投资在 5000 万元以上的其他基本建设项目。

技术改造限上项目是指限额在 5000 万元以上的技术改造项目。

（2）基建小型项目和技改限下项目　基建小型项目是指建设规模或计划总投资在大中型以下的基本建设项目。

技改限下项目就是统计中的技改其他项目，指计划投资在 5000 万元限额以下的技术改造项目。

1.2　建设程序

通信工程的大中型和限额以上的建设项目从建设前期工作到建设、投产要经过立项、实施和验收投产三个阶段。

1.2.1　立项阶段

立项阶段是通信工程建设的第一阶段，包括项目建议书、可行性研究和专家评估等内容。

1.2.1.1 项目建议书

项目建议书是工程建设程序中最初阶段的工作，是投资决策前拟定该工程项目的轮廓设想，主要内容如下：

① 项目提出的背景、建设的必要性和主要依据，介绍国内外主要产品的对比情况和引进理由，以及几个国家同类产品的技术、经济分析；

② 建设规模、地点等初步设想；

③ 工程投资估算和资金来源；

④ 工程进度、经济及社会效益估计。

项目建议书提出后，可根据项目的规模、性质报送相关主管部门审批，批准后即可进行可行性研究工作。

1.2.1.2 可行性研究

可行性研究是根据国民经济长期规划和地区、行业规划的要求，对拟建项目在技术上是否可行、经济上是否盈利、环境上是否允许；项目建成需要的时间、资源、投资以及资金来源和偿还能力等方面进行系统地分析、论证与评价，其研究结论直接影响到项目的建设和投资效益。另外可行性研究不仅涉及面广、编制任务重、技术含量高，而且政策性强。如合理利用资源、节约用地、不占或少占良田、注重环保，一切从通信全程全网的特点出发，兼顾近期与远期、局部与全局的关系等。工业和信息化部对通信基建项目规定：凡是大中型项目、利用外资项目、技术引进项目、主要设备引进项目、国际出口局新建项目、重大技术改造项目等都要进行可行性研究。有些项目也可以将提出项目建议书同可行性研究合并进行，但对于大中型项目还是应分两个阶段进行。通信基建项目可行性研究的主要内容如下：

① 项目提出的背景、投资的必要性和意义；

② 可行性研究的依据和范围；

③ 信道容量和线路数量的预测，提出拟建规模和发展规划；

④ 实施方案论证，包括线路组织方案、光（电）缆、设备造型方案以及配套设施；

⑤ 工程实施条件，对于试点性质的工程尤其应阐述其理由；

⑥ 施工进度建议；

⑦ 投资估计及资金筹措；

⑧ 经济及社会效果评价。

1.2.1.3 专家评估

专家评估是由项目主要负责部门组织有理论、实际经验的专家，对可行性研究报告的内容作技术、经济等方面的评价，并提出具体的意见和建议。专家评估报告是主管领导决策的依据之一，对于重点工程、技术引进等项目进行专家评估是十分必要的。

1.2.2 实施阶段

实施阶段的主要任务就是工程设计和施工，这是建设程序最关键的阶段。

1.2.2.1 工程设计

工程设计的主要任务就是编制设计文件并对其进行审定。根据项目的规模、性质等不同情况，工程设计分为三种方式：对于大型、特殊工程项目或技术上比较复杂而缺乏设计经验的项目，采用由初步设计、技术设计和施工图设计构成的三阶段设计；一般大中型工程采用两阶段设计，即初步设计和施工图设计；小型工程项目采用只有施工图设计的一阶段设计，例如设计施工比较成熟的市内光缆通信工程项目等。

（1）初步设计　初步设计是根据批准的可行性研究报告，以及有关的设计标准、规范，并通过现场勘察工作取得的设计基础资料后进行编制的。初步设计的主要任务是确定项目的建设方案、进行设备选型、编制工程项目的总概算。其中，初步设计中的主要设计方案及重大技术措施等应通过技术经济分析，进行多方案比较论证，未采用方案的扼要情况及采用方案的选定理由均应写入设计文件。

（2）技术设计　技术设计是根据已批准的初步设计，对设计中比较复杂的项目、遗留问题或特殊需要，通过更详细的设计和计算，进一步研究和阐明其可靠性和合理性，准确地解决各个主要技术问题。设计深度和范围，基本上与初步设计一致，应编制修正概算。

（3）施工图设计　施工图设计文件应根据批准的初步设计文件和主要设备订货合同进行编制，并绘制施工详图，标明房屋、建筑物、设备的结构尺寸、安装设备的配置关系和布线、施工工艺，提供设备、材料明细表，并编制施工图预算。

各个阶段的设计文件编制出版后，将根据项目的规模和重要性组织主管部门、设计、施工建设单位、物资、银行等单位的人员进行会审，然后上报批准。工程设计文件一经批准，执行中不得任意修改变更。施工图设计文件是承担工程实施部门（即具有施工执照的线路、机械设备施工队）完成项目建设的主要依据。

1.2.2.2 施工

通信工程的施工阶段包括施工准备、施工招标、开工报告、施工及工程监理等几个过程。

（1）施工准备　施工准备是基本建设程序中的重要环节，是衔接基本建设和生产的桥梁。建设单位应根据建设项目或单项工程的技术特点，适时组成机构，做好以下几项工作：

① 制定建设工程管理制度，落实管理人员；

② 汇总拟采购设备、主材的技术资料；

③ 落实施工和生产物资的供货来源；

④ 落实施工环境的准备工作，如：征地、拆迁、“三通一平”（通水、通电、通路和平整土地）等。

（2）施工招标　施工招标是建设单位将建设工程发包，鼓励施工企业投标竞争，从中评定出技术、管理水平高、信誉可靠且报价合理的中标企业。推行施工招标对于择优选择施工企业，确保工程质量和工期具有重要意义。

建设工程招标依照《中华人民共和国招投标法》规定，可采用公开招标和邀请招标两种形式。由建设单位编制标书，公开向社会招标，预先明确在拟建工程的技术、质量和工期要求的基础上，建设单位与施工企业各自应承担的责任与义务；依法组成合作关系。

（3）开工报告　经施工招标，签订承包合同后，建设单位落实年度资金拨款、设备和主材供货及工程管理组织，并于开工前一个月由建设单位会同施工单位向主管部门提出建设项目开工报告。在项目开工报批前，应由审计部门对项目的有关费用计取标准及资金渠道进行审计后，方可正式开工。

(4) 施工　施工是按施工图设计规定的内容、合同书的要求和施工组织的形式，由施工总承包单位组织与工程量相适应的一个或几个持有通信工程施工资质证书的施工单位组织施工。

(5) 工程监理　施工单位应按批准的施工图设计进行施工，在施工过程中，由建设单位委派的通信工程监理人员对每一道完成的工序进行验收，验收合格后才能进行下一道工序。工程监理可以降低工程建设风险，控制建设成本，保证工程进度和质量。

1.2.3 验收投产阶段

为了充分保证通信系统工程的施工质量，工程结束后，必须经过验收才能投产使用。这个阶段的主要内容包括初步验收、生产准备、试运行以及竣工验收等几个方面。

(1) 初步验收　初步验收一般由施工企业完成承包合同规定的工程量后，依据合同条款向建设单位申请项目完工验收。初步验收由建设单位（或委托监理公司）组织，相关设计、施工、维护、档案及质量管理等部门参加。除小型建设项目外，其他所有新建、扩建、改建等基本建设项目以及属于基本建设性质的技术改造项目，都应在完成施工调测之后进行初步验收。初步验收的时间应在原定计划建设工期内进行，初步验收工作包括检查工程质量、审查交工资料、分析投资效益、对发现的问题提出处理意见，并组织相关责任单位落实解决。

(2) 生产准备　生产准备是指工程项目交付使用前必须进行的生产、技术和生活等方面的必要准备。包括如下。

① 培训生产人员。一般在施工前配齐人员，并可直接参加施工、验收等工作，使之熟悉工艺过程、方法，为今后独立维护打下坚实的基础。

② 按设计文件配置好工具、器材及备用维护材料。

③ 组织完善管理机构、制定规章制度以及配备办公、生活等设施。

(3) 试运行　试运行是指工程初验后到正式验收、移交之间的设备运行。由建设单位负责组织，供货厂商、设计、施工和维护部门参加，对设备、系统功能等各项技术指标以及设计和施工质量进行全面考核。经过试运行，如发现有质量问题，由相关责任单位负责免费返修。一般试运行期为 3 个月，大型或引进的重点工程项目，试运行期可适当延长。运行期内，应按维护规程要求检查证明系统已达到设计文件规定的生产能力和传输指标。运行期满后应写出系统使用情况报告，提交给工程竣工验收会议。

(4) 竣工验收　竣工验收是通信工程的最后一项任务，当系统的试运行完毕并具备了验收交付使用的条件后，由相关部门组织对工程进行系统验收。竣工验收是全面考核建设成果、检验设计和工程质量是否符合要求、审查投资使用是否合理的重要步骤，是对整个通信系统进行全面检查和指标抽测，对保证工程质量、促进建设项目及时投产、发挥投资效益、总结经验教训有重要作用。

竣工项目验收后，建设单位应向主管部门提出竣工验收报告，编制项目工程总决算（小型项目工程在竣工验收后的一个月内将决算报上级主管部门；大中型项目工程在竣工验收后的三个月内将决算报上级主管部门），并系统整理出相关技术资料（包括竣工图纸、测试资料、重大障碍和事故处理记录），以及清理所有财产和物资等，报上级主管部门审查。竣工项目经验收交接后，应迅速办理固定资产交付使用的转账手续（竣工验收后的三个月内应办理完毕固定资产交付使用的转账手续），技术档案移交维护单位统一保管。

1.3 建设项目的可行性研究报告

建设项目可行性研究是对拟建项目在决策前进行方案比较、技术经济论证的一种科学分析方法，是建设前期工作的重要组成部分。可行性研究报告是在可行性研究的基础上编制的，是编制施工图预算的依据。

1.3.1 可行性研究报告的内容

可行性研究报告的内容根据建设行业的不同而各有所侧重，通信建设工程的可行性研究报告一般应包括以下几项主要内容。

（1）总论　包括项目提出的背景、建设的必要性和投资效益、可行性研究的依据及简要结论等。

（2）需求预测与拟建规模　包括业务流量、流向预测；通信设施现状；国家从战略、边海防等需要出发，对通信特殊要求的考虑；拟建项目的构成范围及工程拟建规模容量等。

（3）建设与技术方案论证　包括组网方案、传输线路建设方案、局站建设方案、通路组案以及主要建设标准的考虑等。

（4）建设可行性条件　包括资金来源、设备供应、建设与安装条件、外部协作条件以及环境保护与节能等。

（5）配套设施及协调建设项目的建议　如进城通信管道、机房土建、电源、空调及其配套工程；建设进度安排的建议、维护组织、劳动定员与人员培训等。

（6）主要工程量与投资估算　包括主要工程量、投资估算、配套工程投资估算、单位造价指标分析等。

（7）经济评价　包括财务评价和国民经济评价。财务评价是从通信企业或邮电企业的角度考察项目的财务可行性，计算的财务评价指标主要有财务内部收益率和静态投资回收期等；国民经济评价是从国家角度考察项目对整个国民经济的净效益，论证建设项目的经济合理性，计算的主要指标是经济内部收益率等。当财务评价和国民经济评价的结论发生矛盾时，项目的取舍取决于国民经济评价。

1.3.2 可行性研究报告的编制程序

在项目建议书被批准后，就要进行可行性研究，编写可行性研究报告，一般可以分为以下几个步骤进行。

（1）筹划、准备及资料搜集　主要内容包括技术策划、人员组织与分工；征询工程主管或建设单位对本项目的建设意图和设想，了解项目产生的背景及建设的紧迫性；研究项目建议书，搜集项目其他有关文件、资料和图纸，研究分析本项目与已建项目及近、远期规划的关系，初拟建设方案；落实本项目的资金筹措方式，贷款利率等问题。

（2）现场条件调研与勘察

① 调研项目所在地区现有通信业务需求及设备状况。

② 建设和资源条件调查。如能源、地质、气象、防洪、考古以及水、电、路、矿等。

③ 市场条件调查。如工、料、机价格及现场费用，运输、劳动力市场及物价指数等。

④ 施工及维护条件调查。如地形、土质、场地、环保等。

⑤ 机房装机条件及配套项目调查。如土建、电源、空调、管道等。

⑥ 经济分析资料调查。如企业损益表，收入、支出明细表，主要指标表及资产负债表等。

⑦ 实地进行勘察，掌握现场情况，补充及修改初拟方案并进行排序。

(3) 确立技术方案　对初步确立的各种方案从技术、经济等各方面作全面、系统的比较之后，确定出2～3个技术方案，并整理出详细的资料和数据，供上级工程主管、建设单位及相关专家进行审定，最终确定一个最佳方案。

(4) 投资估算和经济评价分析　在方案确定之后，下面就要对如何实现设计目标做更详细的分析、研究和测算，通过对设备的选型和配置，确定本项目的主要工程量，进行项目的投资估算和经济评价。

经过分析研究应表明所选方案在设计和施工方面是可以顺利实现的，在经济上、财务上是值得投资建设的。为了检验建设项目的效果，还要进行敏感性分析，表明成本、价格、销售量等不确定因素变化时对企业收益率所产生的影响。

(5) 编写报告书　主要内容是编写说明、绘制图纸、各级校审和文件印刷出版等。可行性研究报告书中对一些特殊要求（如国际贷款机构的要求等），要单独说明。

(6) 项目审查与评估　项目审查一般由该项目的上级主管单位负责组织，由建设、设计部门的有关专家参加，以对建设项目各建设方案技术上的可行性、经济上的合理性和主要建设标准等进行全面的审查。项目评估一般由专业评估公司或成立专家组，运用有关评价理论和预测方法，对项目的前景作全面的技术经济预测分析。对建设项目资金来源的不同方案进行分析比较，并对建设项目的实施计划作出最后决定。

1.4 建设工程造价

工程造价是指建设一项工程预期开支或实际开支的全部固定资产投资费用。投资者为了获得预期的效益，就要通过项目评估进行决策，然后进行设计招标、工程招标、实施，直至竣工验收等一系列建设管理活动，使投资转化为固定资产和无形资产，所有这些开支就构成了工程造价。因此，工程造价就是工程的投资费用，建设项目的工程造价就是建设项目的固定资产投资。

1.4.1 工程造价的计价特征

通信建设工程造价是指进行某项通信工程建设所花费的全部费用，即该工程项目有计划地进行固定资产再生产和形成资产的过程中，其流动资金的一次性费用总和。主要由设备工器具购置投资、建筑安装工程投资和工程建设其他投资组成。工程造价有单次和多次性计价特征，了解这些特征，对工程造价的确定与控制是非常必要的。

1.4.1.1 单次计价特征

产品的差别性决定每项工程都必须依据其差别单独计算造价。这是因为每个建设项目所处的地理位置、地形地貌、地质结构、水文、气候、建筑标准以及运输、材料供应等都有它独特的形式和结构，需要一套单独的设计图纸，并采取不同的施工方法和施工组织。故不能像对一般工业产品那样按品种、规格、质量等成批定价。

1.4.1.2 多次计价特征

建设工程周期长、规模大、造价高，因此按建设程序要分阶段进行，相应地也要在不同阶段进行多次性地不同方式、不同深度地计价，以保证工程造价确定与控制的科学性。多次性计价是个逐步深入、逐步细化和逐步接近实际造价的过程。通常涉及以下几个过程。

(1) 投资估算　投资估算是指在项目建议书或可行性研究阶段，对拟建项目通过编制估算文件确定的项目总投资额，或称估算造价。投资估算是决策、筹资和控制设计造价的主要依据。

(2) 概算造价　概算造价指在初步设计阶段，按照概算定额或概算指标编制的工程造价。概算造价较投资估算造价准确，但受估算造价的控制。概算造价分为建设项目概算总造价、单项工程概算造价和单位工程概算造价等。

(3) 修正概算造价　修正概算造价指在技术设计阶段按照概算定额或概算指标编制的工程造价，是对初步设计概算进行修正调整，比概算造价更接近项目的实际价格。

(4) 预算造价　预算造价指在施工图设计阶段按照预算定额编制的工程造价，比概算造价或修正概算造价更为详尽和接近实际。建筑安装工程造价是预算造价的重要组成部分。

(5) 合同价　合同价是指在工程招投标阶段通过签订总承包合同、建筑安装承包合同、设备采购合同以及技术和咨询服务合同等确定的价格。合同价属于市场价格的性质，是由承、发包双方根据市场行情共同议定和认可的成交价格，但并不等同于实际工程造价。按计价方法不同，建设工程合同有固定合同价、可调合同价和工程成本加酬金确定合同价等三种类型，不同类型合同价内涵也有所不同。

(6) 结算价　结算价是指在工程结算时，根据不同合同方式进行的调价范围和调价方法，对实际发生的工程量增减、设备和材料价差等进行调整后计算和确定的价格。

(7) 实际造价　实际造价是指竣工决算阶段，通过为建设项目编制竣工决算，最终确定的工程造价。

1.4.2 工程造价控制

工程建设项目造价控制，就是在投资阶段、设计阶段、建设项目发包阶段和建设实施阶段，把建设项目投资的发生控制在批准的投资限额以内，随时纠正发生的偏差，以保证项目造价管理目标的实现，以求在各个建设项目中能合理使用人力、物力、财力，取得较好的投资效益和社会效益。

1.4.2.1 工程造价控制的内容

① 遵照价值规律、供求规律和其他支配项目投资的客观规律的要求，科学确定设备工器具购置费用，建筑安装工程费用和其他建设费用的构成。

② 在合理确定项目造价构成和水平的基础上，在设计及建设各阶段正确编制估算、概算、预算、合同价、结算价及竣工决算，并使前者控制后者、后者补充前者。

③ 在工程建设各阶段，在技术与经济紧密结合的基础上，对项目投资进行有效的控制，使人力、物力、财力得到合理利用，取得最大的投资效益。

④ 要扎扎实实地做好项目投资管理的基础工作。包括：估算指标、概预算定额、费用定额的制定修改；设备材料价格信息系统的建立；预算价格的编制、造价资料的收集、整理、分析；定额、价格、造价资料数据库的建立等。

1.4.2.2 工程造价控制的方法

(1) 确定工程建设项目造价的总目标　当可行性研究报告被批准或投标报价中标被建设单位接受后，其确定的造价额就成为建设单位决策控制指标或实现建设单位建成项目的目标。如果是国内项目，初步设计概算超过可行性研究估算值的10%，按国家规定，应重新报批可行性研究报告；如果是投标中标的造价额，一旦超出，应按合同规定由承包商自己承担。

(2) 明确承包单位的责任和义务　一般说来，可行性研究报告被批准后，建设单位将以其估算值的开口价作为总承包合同的原则条款，要求总承包单位对项目立项在造价控制方面承担义务和责任，然后在初步设计被批准之后，合同价格由开口价转为闭口价，明确建设中造价控制的总目标。批准的初步设计总概算，应该作为总承包合同的总价，对其中的分项概算，将作为参加建设的各单位进行分包的依据。

造价控制还要明确各阶段、各岗位的具体责任，各有关方面把注意力集中到及时解决建设可能出现的问题。总之，要做到人人参加工程建设成本控制，以便明确每个人应该做什么？正在做什么？还要做什么？怎样才能做得更好？这就是全过程的造价控制。

(3) 监督检查建设资金的使用情况　根据市场、建设计划完成、设计变更情况及时进行投资计划调整，分析执行中出现的问题，提出风险备案录，以便使投资控制在最合理的使用状态下。合理安排建设资金的投入，提高资金的使用效益，探索降低工程建设成本的措施。

由于各个阶段及其委托形式的不同，造价控制的目标和内容也不一致。作为投资者，采用由建设单位委托监理单位控制工程造价的形式是最为有效的形式，并为国际所通用。各阶段造价控制及其主要内容、目标如表1-1所示。

表1-1　各阶段造价控制及其主要内容、目标

分类形式	类　别	主要内容及目标
按时间阶段划分	投资决策阶段	项目总估算要控制在计划投资范围内，确保项目以最小的消耗取得最佳的经济效益，且与国家和全社会的利益相一致
	设计阶段	项目概算、施工图预算控制在批准的计划任务书及初步设计投资额以内，且设计质量最优，确保建设单位提出的使用功能和质量
	施工阶段	项目的实际总投资控制在合同总价内，确保工程质量、工期和工程量
按委托形式划分	由建设单位委托监理单位控制	按建设单位的造价目标进行管理，以尽可能低的投资取得最佳设计成果、工程质量优秀、工期最短。采取择优选择承包单位，以技术管理、合同管理为手段进行控制
	由设计、承包单位委托监理单位控制	造价控制在项目的计划任务书投资额和合同总价以内，并尽可能降低成本、提高企业效益
	建设单位自行控制	以设计、施工阶段的目标进行控制。设计阶段着重于投资与工程量、设计标准的选择并考虑其经济效益；施工阶段是在合同总价内，以最低成本保质、保量按工期完成

1.5 工程价款结算

工程价款结算是施工企业在承包工程实施过程中，依据已经完成的工程量和承包合同中关于付款的规定，依照程序向建设业主收取工程价款的经济活动。及时结算工程价款可以加速企业资金周转，降低企业内部运营成本，提高资金使用的有效性。工程价款由建筑安装工程费、设备工器具购置费、工程建设其他费用和基本预备费组成。其结算方式有多种，重要的是根据企业自身情况和建设业主在协商一致的基础上，明确合同条款内容中的具体方式、结算期及相互承担的责任和义务。

1.5.1 现行的工程价款结算

现行的工程价款结算是按照设计预算价值，以预算定额单价和调价文件为依据进行的。

1.5.1.1 工程价款结算的基本原则

① 应以国家和原邮电部门发布的各种预算定额、费用定额和批准的设计文件为依据。

② 通信工程发包单位和承包单位应根据批准的计划、设计文件和概预算或招标投标的中标标书内容签订工程承包合同，明确工程项目名称、工程造价、工程开工、竣工日期以及材料供应方式和工程价款结算等事项，明确双方权利、义务。

③ 价款结算必须符合国家政策和有关法规，严格按建设单位与施工单位签订的施工合同办理。

④ 施工单位应缴或代缴的营业税等税及缴税地点按国家财政部、国家税务局的相关规定办理。

⑤ 工程承、发包双方应严格履行工程承发包合同，工程价款结算中双方如发生经济纠纷，应协商解决。也可向双方主管部门或国家仲裁机关申请解决或向法院起诉。

1.5.1.2 工程预付款

① 采用包工包料方式承包时，可按施工承包合同总价值的60%以内控制预付款。

② 采用包工不包料承包时，预付款应按下列规定办理：通信管道工程预付款不得超过施工承包合同总价值的40%；通信线路工程预付款不得超过施工承包合同总价值的30%；通信设备工程预付款不得超过施工承包合同总价值的20%。

③ 地上地下障碍处理和各种赔偿费，不得作为承包内容。

④ 预付款应在合同生效后的10天内，由建设单位按规定向承包单位拨款。

1.5.1.3 工程价款结算相关规定

① 建设单位应根据施工单位按月编报的工程进度月报表和按季度编报的工程价款季度结算账单按季度拨付，拨付至承包合同总价值的95%（含预付工程款）时停止拨付，尾款在工程验收后结清。建设单位接到施工单位报表后的10天以内应按规定拨付工程款。

② 工程价款结算的时限要求。按合同项目交工验收后10天以内，由施工单位编报工程结算，建设单位在接到施工单位的工程价款结算文件后15天内审核完毕（如有争议，应在该期限内通知施工单位)，送有关单位复审，建设单位接到复审的工程价款结算文件后的15天内付清工程总价款。

③ 凡施工承包合同中明确规定按合同价款“一次包死时”，工程价款原则上不予调整。但遇到自然灾害、国家计划调整、国家政策性调价和设计变更而引起的增减工程造价超过合同价值2%以上时，可根据双方签证的资料进行合理调整。

④ 凡施工承包合同中规定按施工图预算承包的工程，工程价款结算中由于自然灾害造成的损失、国家统一调价及设计变更等，加减费用应按实际结算。

⑤ 由于建设单位的原因造成停工，应根据双方签证资料按实进行结算，停工损失费用全部由建设单位承担，计费办法最高值为损失的人工工日×工日单价×(1+现场管理费率)，工期顺延。由于施工单位的原因造成停、窝工，全部损失由施工单位自负，工期不得顺延。

⑥ 工程施工中建设单位委托施工单位，承担合同规定以外的工作，有定额规定的按定额计算，没有定额规定的按实际发生结算劳务费。

⑦ 材料、设备工器具购置费中的采购保管费的处理。工程采用按施工图预算总承包或包工包料时，材料采购保管费由施工单位全额收取；工程采用包工不包料时，材料采购保管费由施工单位最高收取50%。

⑧ 根据国家建设部发布的工程建设保修办法的精神，通信工程建设实行保修的期限为六个月。在保修期间，施工单位应对由于施工单位原因而造成的质量问题负责无偿修复。

⑨ 工程竣工价款结算文件，应包括工程价款结算编制说明和工程价款结算表格。工程价款结算编制说明的内容，应包括工程结算总价款、工程价款结算的依据、合同价款增减的主要原因等。

1.5.1.4 工程价款结算的一般程序

① 预付备料款。施工企业承包工程，一般实行包工包料，需要有一定数量的备料周转金。可根据工程承包合同条款规定，由发包单位在开工前拨给承包单位一定限额的预付备料款。此预付款构成施工企业为该承包工程项目储备主要材料、结构所需的流动资金。

② 中间结算。施工企业在工程建设中，按月完成的分部、分项工程数量计算各项费用，向建设单位办理中间结算手续。

现行的中间结算办法是施工企业在旬末或月中向建设单位提出预支工程款账单，预支一旬或半月的工程款，月终再结算。工程款拨付累计额达到该建安工程造价的95%时，停止支付预留造价的5%作为尾留数，在工程竣工结算时结清。

③ 竣工结算。施工企业所承包的工程按照合同规定的内容全部完工，交工之后向发包单位进行最终工程价款结算。竣工结算时，若某些条件变化使合同工程价款发生变化，则需按规定对合同价款进行调整。

在实际工程中，当年开工、竣工的工程，只需办理一次性结算。跨年度工程，在年终办理一次年终结算。将未完工程转到下一年度，此时竣工结算等于各年度结算的总和。

1.5.1.5 索赔的控制

索赔是工程承包合同履行中，当事人一方因对方不履行或不完全履行既定的义务，或者由于对方的行为使权利人受到损失时，要求对方赔偿损失的权利。索赔是工程承包中经常发生并随处可见的正常现象。由于施工现场条件、气候条件的变化，以及合同条款、规范、标准文件和施工图纸的变更、差异、延误等因素的影响，使得工程承包中不可避免地出现索赔。工程建设时，必须注意原始资料的积累，双方所提出的索赔必须以合同为依据，要及时、合理地处理索赔，以免影响工程进度。当然，还要加强沟通协调，尽量避免工程索赔。

1.5.2 工程价款结算方式

我国现行的工程价款结算有静态结算和动态结算两种方式。

1.5.2.1 静态结算

按现行规定，静态结算可以根据不同情况采取多种方式，如按月结算、竣工后一次结算、分段结算以及合同双方约定的其他结算方式。

(1) 按月结算 即实行旬末或月中预支、月终结算、竣工后清算的办法。跨年度竣工的工程，在年终进行工程盘点、办理年度结算。

(2) 竣工后一次结算 建设项目或单项工程建设期在12个月以内，或者工程承包合同价值在100万元以下的，可以实行工程价款每月月中预支，竣工后一次结算方式。

(3) 分段结算 即当年开工，当年不能竣工的单项工程或单位工程，按照工程进度，划分不同阶段进行结算。分段结算可以按月预支工程款。分段划分标准，由各部门或省、自治区、直辖市、计划单列市规定。

我国现行建筑安装工程价款结算中，相当一部分是实行按月结算，这种结算办法是按分部分项工程，即以“假定建安产品”为对象，按月结算（或预支），待工程竣工后再办理竣工结算，一次结清，找补余额。按分部分项工程结算，便于建设单位根据工程进度情况控制分期拨款额度，便于施工企业的施工及时得到补偿，并及时实现利润，且能按月考核工程成本的执行情况。

1.5.2.2 动态结算

静态结算虽具有方法简单的优越性，但同时也存在不少问题。最突出的表现为：没有反映价格等因素的变化影响，即使有些项目在甲、乙方签订合同时规定了某几种材料可以凭发票按时结算，但由于方法不尽科学，因而弊病较多。因此，要把各种动态因素渗透到结算过程中，使结算大体能反映实际的消耗费用，就需要采用动态结算。动态结算可分为按竣工调价系数结算和按实际价格结算两种方式。

(1) 按竣工调价系数结算方式 目前不少地区按竣工调价系数进行竣工结算。这种方法是甲、乙方采用当时的概预算定额的人工、材料、机械台班单价作为合同承包价，在竣工时，根据合理工期及建设造价管理部门规定的各种季度竣工调价系数，在定额价格的基础上对原工程造价进行调整，调整由于实际人工费、材料费、机械使用费等费用上涨及工程变更等因素造成的价差。

(2) 按实际价格结算方式 我国由于材料市场采购范围越来越大，工程承包人可凭发票按实报销方法操作较为方便。但由于是实报实销，因而承包人对降低成本不感兴趣。为了避免副作用，基建主管部门要定期公布最高限价，同时合同中应规定建设单位有权要求承包人选用更廉价的供应来源。

1.5.2.3 工程变更价款的确认方法

合同价款的变更价格，是在双方协商的时间内，由承包方提出变更价格，报监理工程师批准后，调整合同价款和竣工日期。监理工程师审核承包方提出的变更价款是否合理，可考虑以下原则。

① 如果合同中有适用于变更工程的价格，按合同已有价格计算变更合同价款。

② 如果合同中只有类似于变更情况的价格，可以此作为基础，确定变更价格，变更合同价款。

③ 如果合同中没有类似和适用的价格，由承包方提出适当的变更价格，监理工程师批准后，还要与承包方达成一致，否则应通过工程造价管理部门裁定。

实际工作中，可通过编制预算来确定变更价款，编制预算时根据实际使用的设备、采用的施工方法等。施工方案的确定应体现科学、合理、安全、经济、可靠的原则，在确保施工安全及质量的前提下，尽量节省投资。

1.5.3 FIDIC合同条件下工程费的结算

FIDIC（国际咨询工程师联合会）合同条件所规定的工程结算范围主要包括两部分：一部分费用是工程清单中的费用，这部分费用是承包商在投标时，根据合同条件的有关规定提出报价，并经业主认可的费用；另一部分费用是工程量清单以外的费用，这部分费用虽然在工程量清单中没有规定，但是在合同条件中却有明确的规定，因此也是工程结算的一部分。

1.5.3.1 工程结算条件

① 质量合格是工程结算的必要条件。结算以工程计量为基础，计量必须以质量合格为前提。所以并不是对承包商已完的工程全部支付，而只支付其中质量合格的部分，对于质量不合格的部分一律不予支付。

② 符合合同条件。一切结算均需要符合合同的要求。

③ 变更项目必须有监理工程师的变更通知。否则承包商不得作任何变更。如果承包商未收到指示就进行变更的话，就不能因此类变更的费用要求补偿。

④ 支付金额必须大于临时支付证书规定的最小限额。合同条件规定，如果在扣除保留金和其他金额之后的净额，少于投标书附件中规定的临时支付证书的最小限额时，监理工程师没有义务开具任何支付证书。不予支付的金额按月结转，直到达到或超过最低限额时才予以支付。

⑤ 为了通过经济手段约束承包商履行合同中规定的各项责任和义务，合同条件中规定对于承包商申请支付的项目，即使达到以上所述的支付条件，但承包商其他方面的工作未能使监理工程师满意，也可通过任何临时证书对他所签发过的原有证书进行修正或更改，有权删去或减少该工作的价值，所以承包商使监理工程师满意，也是工程支付的重要条件。

1.5.3.2 工程量清单结算的项目

工程量清单项目，分为一般项目、暂定金额和计日工三种。

（1）一般项目　一般项目是指工程量清单中除暂定金额和计日工以外的全部项目。这类项目的结算以造价工程师计算的工程量为依据，乘以工程量清单中的单价，其单价一般是不变的。这类项目的结算占了工程费用的大部分，应给予足够的重视。但这类结算，程序比较简单，一般通过签发支付证书支付进度款，每月支付一次。

（2）暂定金额　是指包括在合同中，供工程任何部分的施工、提供货物、材料、设备或不可预料事件之费用的一项金额。这项金额可能全部或部分使用，或根本不予动用。

(3) 计日工　以单个工作日为单位计算费用，计日工费用的计算一般采用下述方法：一是按合同中包括的计日工作表中所定项目和承包商在其投标中所确定的费率和价格计算；二是对于清单中没有定价的项目，应按实际发生的费用加上合同中规定的费率，计算有关费用。所以，承包商应向造价工程师提供可能需要的证实所付款的收据或其他凭证，并且在订购材料之前，向造价工程师提交订货报价单供其批准。

对此类按计日工实施的工程，承包商应在该工程持续进行过程中，每天向造价工程师提交该工作的所有工人姓名、工种和工时的确切清单（一式两份），以及表明所有该项工程所用和所需材料及承包商设备的种类和数量的报表（一式两份）。

1.5.3.3　工程量清单以外项目的结算

(1) 动员预付款　是业主借给承包商进驻场地和工程施工的准备用款。预付款额度的大小，是承包商在投标时，根据业主规定的额度范围（一般为合同价的5%～10%）和承包商本身资金的情况，提出预付款的额度，并在标书附录中予以明确。

(2) 材料设备预付款　对承包商买进并运到工地的材料、设备，业主应支付预付款，预付款按材料设备的某一比例（通常为材料发票价的70%～80%；设备发票价的50%～60%）支付。

(3) 保留金　是为了确保在施工阶段，或在缺陷责任期间，由于承包商未能履行合同义务，由业主（或监理工程师）指定他人完成应由承包商承担的工作所发生的费用。FIDIC合同条件规定，保留金的款额为合同总价的5%，从第一次付款证书开始，按其中支付工程款的10%扣留，直到累计达到合同总额的5%为止。

1.5.3.4　工程费用结算的程序

① 承包商提出付款申请，填报一系列指定格式的月报表，说明承包商认为这个月其应得的有关款项，包括已实施的永久工程的价值。

② 说明工程量表中任何其他项目的价格调整。

③ 核算按合同规定有权得到的其他金额之后的净额。

④ 造价工程师审核编制期中付款证书。

⑤ 业主支付。

习题

1. 选择题

(1) 可行性研究报告是编制（　　）的依据。

A. 估算　　　　B. 初步设计概算

C. 结算　　　　D. 施工图预算

(2) 根据国家有关规定，国内投资大中型建设项目和利用外资筹建项目，一律编报可行性研究报告，它是在（　　）编报。

A. 批准的项目建议书以后　　　　B. 在可行性研究的基础上

C. 在投资确定以后　　　　D. 在初步设计以后

(3) 工程造价控制应贯穿于工程建设的全过程，在建设项目的实施阶段，应以（　　）为重点。

A. 设计阶段　　　　B. 施工阶段

C. 发包阶段　　　　D. 决策阶段

(4) 下列（ ）属于工程造价计价依据。

A. 材料预算价格　　B. 预算定额

C. 工程量计算规则　　D. 施工定额

(5) 凡施工承包合同中规定按施工图预算承包的工程项目，在施工期间发生自然灾害所造成损失的费用，结算超过合同价的 2%以上是应（ ）。

A. 由保险公司赔偿　　B. 根据双方签订的资料合理调整

C. 由设计单位承担　　D. 由施工企业自理

2. 什么是建设项目？单项工程与建设项目有什么关系？

3. 工程建设项目可行性研究报告的编制步骤有哪些？

4. 通信工程价款结算的内容是什么？

5. 建筑安装工程价款动态结算的内容是什么？

6. 画图说明基本建设程序。

2 通信建设工程概预算定额

学习指南 ▶▶▶

本章主要讲解通信建设工程的类别划分、概算、预算定额编制及使用方法。通过本章的学习，要求了解通信工程类别和单项工程的划分，学会使用定额，能够通过定额查找工程项目的人工工日、主要材料和机械的消耗量。

2.1 定额

在生产过程中，为了完成某一单位合格产品，就要消耗一定的人工、材料、机械设备和资金。由于在生产过程中，受企业的技术水平、组织管理水平及其他客观条件的影响，生产同一产品，不同企业的消耗是不相同的。因此，为了统一考核其消耗水平，便于经营管理和经济成本核算，就需要有一个统一的平均消耗标准，因此产生了定额。定额就是在一定的生产技术和劳动组织条件下，完成单位合格产品在人力、物力、财力的利用和消耗方面应当遵守的标准。定额反映了行业在一定时期的生产技术和管理水平，是企业搞好经营管理的前提，也是企业组织生产、引入竞争机制的手段，是进行经济核算和贯彻“按劳分配”原则的依据。

2.1.1 定额的产生与发展

19 世纪末至 20 世纪初，美国工程师弗·温·泰罗（1856～1915 年）开始了企业管理的研究，其目的是要解决如何提高工人的劳动效率。当时的美国工业虽然发展很快，但由于传统的、旧的管理方法，工人劳动生产率低，远远落后于当时技术成就所应当达到的水平，而劳动强度很高，每周劳动时间平均在 60h 以上。在这种背景下，泰罗进行了各种试验，从工人的操作方法上研究工时的科学利用，把工作时间分成若干工序，并利用秒表来记录工人每一动作及其消耗的时间，制订出工时定额作为衡量工人工作效率的尺度。同时，还十分重视研究工人的操作方法，对工人在劳动中的操作和动作，逐一记录分析研究，把各种最经济、最有效的动作集中起来，制订出最节约工作时间的标准操作方法，并据此制定更高的工时定额。为了最大限度减少工时消耗，使工人完成这些较高的工时定额，泰罗还努力把当时科学技术的最新成就应用于企业管理中，对工具和设备进行了研究，使工人使用的工具、设备、材料标准化。通过研究，泰罗提出了一整套系统的、标准的科学管理方法，形成了著名的“泰罗制”管理体系。泰罗制的核心可以归纳为：制定科学的工时定额、实行标准的操作方法、强化职能管理及有差别的计件工资。泰罗制给企业管理带来了根本性变革，使企业获得了巨额利润，泰罗被尊称为“科学管理之父”。

20 世纪 40～60 年代，企业管理又有许多新的发展，对于定额的制定也有许多新的研究，出现近代管理科学。一方面，管理科学从操作方法、作业水平的研究向科学组织的研究上扩展；另一方面，充分利用现代自然科学的最新成就，如运筹学、电子计算机等科学技术手段进行科学管理。

20世纪70年代，出现了行为科学和系统管理理论。前者从社会学、心理学的角度研究管理，强调和重视社会环境、人的相互关系对提高工效的影响；后者把管理科学和行为科学结合起来，以企业为一个系统，从事物的整体出发，对企业中人、物和环境等要素进行定性、定量相结合的系统分析研究，选择和确定企业管理最优方案，实现最佳的经济效益。

我国建设工程定额管理，经历了从无到有，从建设发展到改革完善的曲折道路。定额的发展和整个国家的形势、经济发展状况息息相关。1986年国家计委陆续颁布了统一组织编制的两册基础定额和15册《全国统一安装工程预算定额》，在这15册中，第四册《通信设备安装工程》和第五册《通信线路工程》是由原邮电部主编的，适用于通信工程。1995年，邮电部根据建设部、中国人民建设银行建标（1993）894号“关于印发《关于调整建筑安装工程费用项目组成的若干规定》的通知”，以邮电部（1995）626号文件，颁发了新编的《通信建设工程预算定额》（共三册），贯彻了“量价分离”、“技普分开”的原则，使通信建设工程定额改革前进了一步。

2008年，为适应通信建设发展需要，合理和有效控制工程建设投资，规范通信建设概、预算的编制与管理，根据国家法律、法规及有关规定，工业和信息化部修订了《通信建设工程概算、预算编制办法及费用定额》（邮电部［1995］626号）以及通信建设工程预算定额等标准，并于2008年7月1日起实施。

2.1.2 定额的特点

按照经济规律的要求，在建设项目建设的各个阶段采用科学的计价依据和先进的计价管理手段，是合理确定造价和有效控制工程造价的重要保证。作为计价的主要依据，定额随着建设项目管理的深入和发展，体现出以下特点。

（1）科学性　定额的科学性，首先表现在要用科学的态度制定定额，尊重客观实际，力求定额水平高低合理；其次表现在制定定额的技术方法上，利用现代科学管理的成就，形成一套系统的、完整的、在实践中行之有效的方法。定额的科学性包括两重含义：一是指定额必须和生产力发展水平相适应，符合工程建设中生产消费的客观规律，否则就难以作为国民经济中计划、调节、组织、预测、控制工程建设的可靠依据；二是指定额管理在理论、方法和手段上必须科学化，以适应现代科学技术和信息社会发展的需要。

（2）系统性　定额的系统性是由工程建设的特点决定的。按照系统论的观点，工程建设就是庞大的实体系统，定额是为这个实体系统服务的，因而工程建设本身的多种类、多层次就决定了为其服务的定额的多种类、多层次。各类建设工程都有严格的项目划分，如建设项目、单项工程、单位工程、分部分项工程，在工程计划和实施过程中又有严密的逻辑阶段，如规划、可行性研究、设计、施工、竣工交付使用，以及投入使用后的维修等，与之对应的定额必然是多种类、多层次的。

（3）统一性　定额的统一性，主要是由国家对经济发展的有计划宏观调控职能决定的。为了使国民经济按照既定的目标发展，就需要借助于某些指标、参数等，对工程建设进行规划、组织、调节、控制。而这些指标、参数必须在一定范围内是一种统一的尺度，才能实现上述职能，才能利用它对项目的决策、设计方案、投标报价、成本控制进行比较、选择和评价。

(4) 权威性和强制性　主管部门通过一定程序审批颁发的定额，具有很大权威，这种权威性表现在一些情况下定额具有经济法规性质和执行的强制性。权威性反映统一的意志和统一的要求，也反映信誉和信赖程度；强制性反映刚性约束，反映定额的严肃性。

在市场经济条件下，定额必然涉及各有关方面的经济关系和利益关系，赋予定额以一定的强制性，就意味着在规定的范围内，对于定额的使用者和执行者来说，不论主观上愿意不愿意，都必须按定额的规定执行。在当前市场不规范的情况下，赋予定额以强制性是十分重要的，不仅是定额作用得以发挥的有力保证，而且也有利于理顺工程建设有关各方的经济关系和利益关系。

(5) 稳定性和时效性　任何一种定额都是一定时期技术发展和管理的反映，因而在一段时期内都表现出稳定的状态，根据具体情况不同，稳定的时间有长有短，保持定额的稳定性是维护定额的权威性所必需的，更是有效地贯彻定额所必需的。如果定额处于经常修改变动之中，那么必然造成执行的困难和混乱，使人们感到没有必要去认真对待，很容易导致定额权威性的丧失。

另外，定额的稳定性又是相对的。任何一种定额，都只能反映一定时期的生产力水平，当生产力向前发展了，定额就会与已经发展了的生产力不相适应。这样，原有的作用就会逐步减弱以致消失，甚至产生负效应。所以，定额在具有稳定性特点的同时，也具有显著的时效性。当定额不再能起到促进生产力发展的作用时，定额就要重新编制或修订了。总之，从一段时期来看，定额是稳定的；从长时期来看，定额是变动的。

2.1.3 定额的分类

定额是一个综合概念，是工程建设中各类定额的总称。为了对定额能有一个全面的了解，可以按照不同的原则和方法对定额进行科学的分类。

2.1.3.1 按定额反映物质消耗的内容分类

可以把定额分为劳动消耗定额、材料消耗定额和机械消耗定额三种。

(1) 劳动消耗定额（简称劳动定额）　在施工定额、预算定额、概算定额、概算指标等多种定额中，劳动消耗定额都是其中重要的组成部分。“劳动消耗”在这里的含义仅仅是指活劳动的消耗，而不是劳动和物化劳动的全部消耗。劳动消耗定额是完成一定的合格产品（工程实体或劳务）规定活劳动消耗的数量标准。由于劳动定额大多采用工作时间消耗量来计算劳动消耗的数量，所以劳动定额主要表现形式是时间定额，但同时也表现为产量定额。

(2) 材料消耗定额（简称材料定额）　是指完成一定数量的合格产品所需消耗材料的数量标准。材料是指工程建设中使用的原材料、成品、半成品、构配件等。材料作为劳动对象是构成工程的实体物资，需用数量大，种类繁多，所以材料消耗量多少，消耗是否合理，不仅关系到资源的有效利用，影响市场供求状况，而且对建设工程的项目投资、建筑产品的成本控制都有着决定性影响。

(3) 机械消耗定额（简称机械定额） 是指为完成一定合格产品（工程实体或劳务）所规定的施工机械消耗的数量标准。机械消耗定额的主要表现形式是机械时间定额，但同时也表现为产量定额。在我国机械消耗定额主要是以一台机械工作一个工作班（8h）为计量单位，所以又称为机械台班定额。这和劳动消耗定额一样，在施工定额、预算定额、概算定额、概算指标等多种定额中，机械消耗定额都是其中的组成部分。

2.1.3.2 按照定额的编制程序和用途分类

按编制程序和用途可将定额分为施工定额、预算定额、概算定额、投资估算指标和工期定额五种。

(1) 施工定额 施工定额是施工单位直接用于施工管理的一种定额，是编制施工作业计划、施工预算、计算工料，向班组下达任务书的依据。施工定额主要包括：劳动消耗定额、机械消耗定额和材料消耗定额等三部分。

施工定额是按照平均先进的原则编制的。以同一性质的施工过程为对象，规定劳动消耗量、机械工作时间和材料消耗量。

(2) 预算定额 预算定额是编制预算时使用的定额，是确定一定计量单位的分部、分项工程或结构构件的人工（工日）、机械（台班）和材料的消耗数量标准。

每一项分部分项工程的定额，都规定有工作内容，以便确定该项定额的适用对象，而定额本身则规定有：人工工日数（分等级表示或以平均等级表示）、各种材料的消耗量（次要材料亦可综合地以价值表示）和机械台班数量等三方面的实物指标。统一预算定额里的预算价值，是以某地区的人工、材料、机械台班预算单价为标准计算，称为预算基价，基价可供设计、预算比较参考。编制预算时，如不能直接套用基价，应根据各地的预算单价和定额的工料消耗标准，编制地区估价表。

(3) 概算定额 概算定额是编制概算时使用的定额，是确定一定计量单位扩大分部分项工程的人工、材料和机械台班消耗的标准，是设计单位在初步设计阶段确定建筑（构筑物）概略价值、编制概算、进行设计方案经济比较的依据。也可供概略地计算人工、材料和机械台班的需要数量，作为编制基建工程主要材料申请计划的依据。其内容和作用与预算定额相似，但项目划分较粗，没有预算定额的准确性高。

(4) 投资估算指标 投资估算指标是在项目建议书可行性研究阶段编制投资估算，计算投资需要量时使用的一种定额，往往以独立的单项工程项目为计算对象，概括程度与可行性研究阶段相适应。主要作用是为项目决策和投资控制提供依据。投资估算指标虽然往往根据历史的预、决算资料和价格变动等资料编制，但其编制基础仍然离不开预算定额和概算定额。

(5) 工期定额 工期定额是为各类工程规定的施工期限，表现为定额天数。包括建设工期定额和施工工期定额两个层次。建设工期是指建设项目或独立的单项工程在建设过程中所耗用的时间总量，一般以月数或天数表示，指从开工建设时起，到全部建成投产或交付使用时为止所经历的时间，但不包括由于计划调整而延缓建设所延误的时间。施工工期一般是指单项工程或单位工程从开工到完工所经历的时间，施工工期是建设工期的一部分。如单位工程施工工期，是指从正式开工起至完成承包工程全部设计内容并达到验收标准的全部有效天数。

2.2 通信建设工程

通信建设工程简单地说就是通信系统网络建设和设备施工，包括通信线路光（电）缆架设或敷设、通信设备安装调试、通信附属设施的施工等。

2.2.1 通信工程项目划分

2.2.1.1 工程分类标准

通信建设工程根据项目类型或投资金额的不同，划分为一类工程、二类工程、三类工程和四类工程。每类工程对设计单位和施工企业级别都有严格的规定，不允许级别低的单位或企业承建高级别的工程。具体分类标准如下。

（1）符合下列条件之一者为一类工程：大、中型项目或投资在5000万元以上的通信工程项目；省际通信工程项目；投资在2000万元以上的部定通信工程项目。

（2）符合下列条件之一者为二类工程：投资在2000万元以下的部定通信工程项目；省内通信干线工程项目；投资在2000万元以上的省定通信工程项目。

（3）符合下列条件之一者为三类工程：投资在2000万元以下的省定通信工程项目；投资在500万元以上的通信工程项目；地市局工程项目。

（4）符合下列条件之一者为四类工程：县局工程项目；其他小型项目。

2.2.1.2 类别划分

通信工程按照建设项目和工程性质可以归纳成通信线路工程和通信设备安装工程两大类。

（1）通信线路工程类别划分如表2-1所示。

表2-1 通信线路工程的类别划分

项目名称	一类工程	二类工程	三类工程	四类工程
长途干线	省际	省内	本地网	
海缆	50km以上	50km以下		
市话线路		中继光缆线路或2万门以上市话主干线路	局间中继电缆线路或2万门以下市话主干线路	市话配线电缆工程或4000门以下线路工程
有线电视网		省会及地市级城市有线电视网线路工程	县以下有线电视网线路工程	
建筑楼综合布线工程		$10km^2$以上建筑物综合布线工程	$5km^2$以上建筑物综合布线工程	$5km^2$以下建筑物综合布线工程
通信管道工程		48孔以上	24孔以上	24孔以下

（2）通信设备安装工程类别划分如表2-2所示。

表2-2 通信设备安装工程的类别划分

项目名称	一类工程	二类工程	三类工程	四类工程
市话交换	4万门以上	4万门以下，1万门以上	1万门以下，4000门以上	4000门以下
长途交换	2500路端以上	2500路端以下	500路端以下	

续表

项目名称	一类工程	二类工程	三类工程	四类工程
通信干线传输及终端	省际	省内	本地网	
移动通信及无线寻呼	省会局移动通信	地市局移动通信	无线寻呼设备工程	
卫星地球站	C频段天线直径10m以上及Ku频段天线直径5m以上	C频段天线直径10m以下及Ku频段天线直径5m以下		
天线铁塔		铁塔高度100m以上	铁塔高度100m以下	
数据网、分组交换网等非话业务网	省际	省会局以下		
电源	一类工程配套电源	二类工程配套电源	三类工程配套电源	四类工程配套电源

【说明】 ① 本标准中×××以上不包括×××本身，×××以下包括×××本身。

② 天线铁塔、市话线路、有线电视网、建筑楼综合布线工程无一类工程。

③ 卫星地球站、数据网、分级交换网等专业无三、四类工程，丙、丁级设计单位和三、四级施工企业不得承担此类工程任务。其他专业依此原则办理。

2.2.1.3 单项工程项目划分

单项工程是指具有单独的设计文件、建成后能够独立发挥生产能力或效益的工程，是建设项目的组成部分。工业建设项目的单项工程一般是指能够生产出符合设计规定的主要产品的车间或生产线；非工业建设项目的单项工程一般是指能够发挥设计规定的主要效益的各个独立工程，如教学楼、图书馆等。单项工程由单位工程组成，单位工程是指具有独立的设计、可以独立组织施工的工程，包括若干个分部、分项工程。通信建设工程概（预）算应按单项工程编制。单项工程项目划分如表2-3所示。

表2-3 通信建设单项工程项目划分

专业类别	单项工程名称	备注
通信线路工程	××光、电缆线路工程	进局及中继光(电)缆工程可按每个城市作为一个单项工程
	××水底光、电缆工程(包括水线房建筑及设备安装)	
	××用户线路工程(包括主干及配线光、电缆、交接及配线设备、集线器、杆路等)	
	××综合布线系统工程	
通信管道建设工程	通信管道建设工程	
通信传输设备安装工程	××数字复用设备及光、电设备安装工程	
	××中继设备、光放设备安装工程	
微波通信设备安装工程	××微波通信设备安装工程(包括天线、馈线)	
卫星通信设备安装工程	××地球站通信设备安装工程(包括天线、馈线)	
移动通信设备安装工程	××移动控制中心设备安装工程	
	基站设备安装工程(包括天线、馈线)	
	分布系统设备安装工程	
通信交换设备安装工程	××通信交换设备安装工程	
数据通信设备安装工程	××数据通信设备安装工程	
供电设备安装工程	××电源设备安装工程(包括专用高压供电线路工程)	

2.2.2 工程质量监理

由于通信行业发展迅速，有关通信工程施工标准及质量管理标准的制定相对迟缓。一直没有得到统一。近几年来，出于管理力度的加大和规范化的需要，工业和信息化部制定了相应的管理规范和标准。过去通信工程施工一般只有甲乙双方共同参与，现在逐步过渡到和建筑施工工程一样引入第三方，即通信工程监理公司。通信工程监理公司实行对通信工程施工全过程的监理。工业和信息化部对通信工程质量管理和监理的基本要求如下。

① 统一制定标准定额。对通信工程建设的标准规范、定额实行行业管理，包括标准定额的制定与管理。目前，在通信工程概预算人员资格认证方面也向着行业管理过渡，并逐步在技术规范方面搞好行业管理工作。

② 加强对通信设计、施工市场的整顿，做好通信工程设计、施工单位的行业归口审查工作。

③ 对通信工程的质量监督，保证全网的通信质量。不论是公用网通信工程，还是专用网通信工程，都必须由通信工程质量监督机构进行质量监督。不仅监督工程设计、施工质量，还要审查承担设计施工单位是否是持证的设计单位，是否超业务、超规模、超范围，检查通信设备是否符合进网条件等。

2.2.3 通信工程招投标

在确定工程项目承包人的过程中，需要进行招标和投标。招标和投标是一种以契约的方式确定双方在工程项目建设中的合作关系。

(1) 招标　一般而言，将通信工程建设单位称为甲方，将通信工程承建施工单位称为乙方。甲方需要建设通信工程，可以联系相关的通信施工单位，这称之为招标。招标方式通常可分为公开招标和邀标两种方式。按各地方规定，一般在五十万元以上的通信工程都要求公开招标。

公开招标可采取通过媒体征询或委托工程招投标专业机构进行。本着公正、公平、公开的原则，接收标书后，在规定的时间内召开揭标大会，在甲方和所有参加竞标单位及有关专家和公证机构的监督下，公开标底，然后进一步与中标施工单位签订有关合同和协议。

邀标形式是指通信工程规模较小，造价不高，需要尽快施工的小型通信工程。一般邀请有过业务往来的或者知名通信工程公司参加，通过公开的标书论证，从施工资质上、施工经验上、技术能力上、企业信誉上、工程造价上进行全面衡量，汰劣选优，最后确定中标施工单位。

(2) 投标　工程投标是争取工程业务的重要步骤。通常在得到有关工程项目信息后，即可按照甲方的要求制作标书。通信工程的标书格式与一般建筑工程类似，主要内容包括项目工程的整体解决方案；技术方案的可行性和先进性论证；工程实施步骤；工程的设备材料详细清单；工程竣工后所能达到的技术标准、作用、功能等；线路及设备安装费用；工程整体报价；样板工程介绍等。

制作标书一般由具有相关经验的工程技术人员负责。制作前要充分了解市场行情，掌握甲方的具体需求，尽量搞清参与竞标的工程公司的优势和劣势所在，以便扬长避短，克敌制胜。同时要精心测算，诚实报价，既不能造价太高失去机会，也不能过低估价，造成中标后难以实施。

2.3 通信建设工程预算定额

预算定额是编制施工图预算，确定和控制建筑安装工程造价的计价基础；是落实和调整年度建设计划，对设计方案进行技术经济比较、分析的依据；是施工企业进行经济活动分析的依据；是编制标底、投标报价、概算定额和概算指标的基础。

2.3.1 预算定额的编制原则

预算定额的编制原则体现了通信行业的特点，内容实事求是，做到了科学、合理、便于操作和维护。

(1) 贯彻执行“控制量”、“量价分离”、“技普分开”的原则

① 控制量是指预算定额中的人工、主材、机械台班消耗量是法定的，任何单位和个人不得擅自调整。

② 量价分离是指预算定额中只反映人工、主材、机械台班的消耗量，而不反映其单价。单价由主管部门或造价管理归口单位另行发布。

③ 技普分开是为适应市场经济和通信建设工程的实际需要取消综合工。凡是由技工操作的工序内容均按技工计取工日，凡是由非技工操作的工序内容均按普工计取工日；对于设备安装工程均按技工计取工日（即普工为零）。

(2) 子目编号规则　定额子目编号由三部分组成：第一部分为汉语拼音缩写（字母），表示预算定额的名称；第二部分为 1 位阿拉伯数字，表示定额子目所在章的章号；第三部分为 3 位阿拉伯数字，表示定额子目所在章节内的序号。

【例】 TSD1-049 表示第一册《电信设备安装工程》的第 1 章 049 子目的“安装蓄电池屏”预算定额、TSW3-093 表示第三册《无线通信设备安装工程》的第 3 章 093 子目的“全电路稳定性能测试”预算定额、TXL1-018 表示第四册《通信线路工程》的第 1 章 018 子目的“人工开挖路面水泥花砖路面”预算定额。

(3) 人工消耗量的确定　预算定额中人工消耗量是指完成定额规定计量单位所需要的全部工序用工量，一般应包括基本用工、辅助用工和其他用工。

① 基本用工。由于预算定额是综合性的定额，每个分部、分项定额都综合了数个工序内容，各种工序用工工效应根据施工定额逐项计算，因此，完成定额单位产品的基本用工量包括该分项工程中主体工程的用工量和附属于主体工程中各项工程的用工量。对于无劳动定额可依据的项目或新增加的定额项目，可参照相近的现行其他劳动定额，并结合施工项目的特点和技术要求，根据工程量计算确定基本用工。

② 辅助用工。辅助用工是劳动定额未包括的工序用工量。包括施工现场某些材料临时加工用工和排除一般障碍、维持必要的现场安全用工等。施工现场临时材料加工用工量计算，一般是按加工材料的数量乘以相应时间定额确定的。

③ 其他用工。其他用工是指劳动定额中未包括而在正常施工条件下必然发生的零星

用工量，是预算定额的必要组成部分，编制预算定额时必须计算。内容包括：

a. 在正常施工条件下各工序间的搭接和工种间的交叉配合所需的停歇时间；

b. 施工机械在单位工程之间转移及临时水电线路在施工过程中移动所发生的不可避免的工作停歇；

c. 隐蔽工程验收而影响工人操作的时间；

d. 场内单位工程之间操作地点的转移，影响工人操作的时间，施工过程中工种之间交叉作业的时间；

e. 施工中细小的难以测定的不可避免的工序和零星用工所需的时间等。

其他用工一般按预算定额的基本用工量和辅助用工量之和的 10%计算。

(4) 主要材料消耗量的确定 主要材料指在建安工程中或产品构成中形成产品实体的各种材料，其消耗量包括净用量和损耗量两项，损耗量又分为周转性材料摊销量和主要材料损耗量两部分。

① 主要材料净用量。指不包括施工现场运输和操作损耗，完成每一定额计量单位产品所需某种材料的用量。

② 主要材料损耗量。

a. 周转性材料摊销量。周转性材料指施工过程中多次周转使用的材料，每次施工完成之后还可以再次使用，但在每次用过之后必然发生一定的损耗，经过若干次使用之后，材料报废或仅剩残值，因此要以一定的摊销量分摊到部分分项工程预算定额中。例如：机械顶管的顶钢管、管道沟挡土板所用木材等，一般按 10 周转次摊销。

b. 主要材料耗损量。指材料在施工现场运输和生产操作过程中不可避免的合理损耗量，要根据材料净用量和相应的材料损耗率计算。材料损耗率可在《全国统一安装预算定额》第四册通信线路工程附录三中查到。

(5) 施工机械台班的确定 通信工程中凡是可以计取台班的施工机械，定额子目中均给定了台班消耗量。机械台班量是指以一台施工机械工作一天（8h）完成的合格产品数量作为台班产量定额，再以一定的机械幅度差来确定完成单位产品所需要的机械台班量。机械幅度差考虑的主要因素有：初期施工条件限制所造成的工效差；工程结尾时工程量不饱满，利用率不高；施工作业区内移动机械所需要的时间；工程质量检查所需要的时间；机械配套之间相互影响的时间等。

2.3.2 现行预算定额的构成

预算定额是编制施工图预算，确定和控制建筑安装工程造价的计价基础；是落实和调整年度建设计划，对设计方案进行技术经济比较、分析的依据；是施工企业进行经济活动分析的依据；是编制标底、投标报价、概算定额和概算指标的基础。

现行通信建设工程预算定额由总说明、册说明、章节说明、定额项目和附录构成。

2.3.2.1 总说明

(1) 通信建设工程预算定额系通信行业标准。

(2) 本定额按通信专业工程分册，包括：

第一册 通信电源设备安装工程（册名代号 TSD）

第二册 有线通信设备安装工程（册名代号 TSY）

第三册　无线通信设备安装工程（册名代号 TSW）

第四册　通信线路工程（册名代号 TXL）

第五册　通信管道工程（册名代号 TGD）

（3）本定额是编制通信建设项目投资估算、概算、预算和工程量清单的基础。也可作为通信建设项目招标、投标报价的基础。

（4）本定额适用于新建、扩建工程，改建工程可参照使用。本定额用于扩建工程时，其扩建施工降效部分的人工工日按乘以系数 1.1 计取，拆除工程的人工工日计取办法见各册的相关内容。

（5）本定额以现行通信工程建设标准、质量评定标准、安全操作规程为编制依据；在 1995 年 9 月 1 日邮电部发布的《通信建设工程预算定额》及补充定额的基础上（不含邮政设备安装工程），经过对分项工程实体消耗量再次分析、核定后编制；并增补了部分与新业务、新技术有关的工程项目的定额内容。

（6）本定额是按符合质量标准的施工工艺、机械（仪表）装备、合理工期及劳动组织的条件制订。

（7）本定额的编制条件：

① 设备、材料、成品、半成品、构件符合质量标准和设计要求。

② 通信各专业工程之间、与土建工程之间的交叉作业正常。

③ 施工安装地点、建筑物、设备基础、预留孔洞均符合安装要求。

④ 气候条件、水电供应等应满足正常施工要求。

（8）本定额根据量价分离的原则，只反映人工工日、主要材料、机械（仪表）台班的消耗量。

（9）关于人工：

① 本定额人工的分类为技术工和普通工。

② 本定额的人工消耗量包括基本用工、辅助用工和其他用工。其中基本用工是指完成分项工程和附属工程实体单位的加工量；辅助用工是指定额中未说明的工序用工量，包括施工现场某些材料临时加工、排除故障、维持安全生产的用工量；其他用工是指定额中未说明的而在正常施工条件下必然发生的零星用工量，包括工序间搭接、工种间交叉配合、设备与器材施工现场转移、施工现场机械（仪表）转移、质量检查配合以及不可避免的零星用工量。

（10）关于材料：

① 本定额中的材料长度，凡未注明计量单位者均为毫米（mm）。

② 本定额中的材料消耗量包括直接用于安装工程中的主要材料使用量和规定的损耗量。规定的损耗量指施工运输、现场堆放和生产过程中不可避免的合理损耗量。

③ 施工措施性消耗部分和周转性材料按不同施工方法、不同材质分别列出一次使用量和一次摊销量。

④ 本定额仅计列直接构成工程实体的主要材料，辅助材料的计算方法按《通信建设工程费用定额》的相关规定计列。定额子目中注明由设计计列的材料，设计时应按实计列。

⑤ 本定额不含施工用水、电、蒸汽消耗量，此类费用在设计概算、预算中根据工程

实际情况在建筑安装工程费中按实计列。

(11) 关于施工机械：

① 本定额的机械台班消耗量是按正常合理的机械配备综合取定的。

② 施工机械单位价值在2000元以上，构成固定资产的列入本定额的机械台班。

③ 施工机械台班单价参照有关部门动态发布的《通信建设工程施工机械、仪表台班定额》。

(12) 关于施工仪表：

① 本定额的施工仪表台班消耗量是按通信建设标准规定的测试项目及指标要求综合取定的。

② 施工仪器仪表单位价值在2000元以上，构成固定资产的列入本定额的仪表台班。

③ 施工仪器仪表台班单价参照有关部门动态发布的《通信建设工程施工机械、仪表台班定额》。

(13) 定额子目编号原则。

定额子目编号由三部分组成：第一部分为册名代号，表示通信建设工程的各个专业，由汉语拼音（字母）缩写组成；第二部分为定额子目所在的章号，由一位阿拉伯数字表示；第三部分为定额子目所在章内的序号，由三位阿拉伯数字表示。

(14) 本定额适用于海拔高程2000m以下，地震烈度为七度以下地区，超过上述情况时，按有关规定处理。

(15) 在以下的地区施工时，定额按下列规则调整：

① 高原地区施工时，本定额人工工日、机械台班消耗量乘以表2-4中列出的系数。

表 2-4 高原地区调整系数

海拔高度/m		2000以上	3000以上	4000以上
调整系数	人工	1.13	1.30	1.37
	机械	1.29	1.54	1.84

② 原始森林地区（室外）及沼泽地区施工时人工工日、机械台班消耗量乘以系数1.30。

③ 非固定沙漠地带，进行室外施工时，人工工日乘以系数1.10。

④ 其他类型的特殊地区按相关部门规定处理。

以上四类特殊地区若在施工中同时存在两种以上情况时，只能参照较高标准计取一次，不应重复计列。

(16) 本定额中注有“××以内”或“××以下”者均包括“××”本身；“××以外”或“××以上”者则不包括“××”本身。

(17) 本说明未尽事宜，详见各专业册章节和附注说明。

2.3.2.2 册说明

通信建设工程预算定额各个分册在总说明之后就是册说明。册说明阐述该册的内容、编制基础、使用该册应注意的问题及有关规定等。例如，第四册《通信线路工程》的册说明如下。

(1)《通信线路工程》预算定额适用于通信光（电）缆的直埋、架空、管道、海底等线路的新建工程。

(2) 通信线路工程，当工程规模较小时，人工工日以总工日为基数按下列规定系数进行调整：

① 工程总工日在100工日以下时，增加15%；

② 工程总工日在100～250工日时，增加10%。

(3) 本定额中带有括号和以分数表示的消耗量，系供设计选用；“*”表示由设计确定其用量。

(4) 本定额拆除工程，不单立子目，发生时按表2-5中规定执行。

表2-5 拆除工程调整系数

序号	拆除工程内容	占新建工程定额的百分比/%	
		人工工日	机械台班
1	光(电)缆(不需清理入库)	40	40
2	埋式光(电)缆(清理入库)	100	100
3	管道光(电)缆(清理入库)	90	90
4	成端电缆(清理入库)	40	40
5	架空、墙壁、室内、通道、槽道、引上光(电)缆(清理入库)	70	70
6	线路工程各种设备以及除光(电)缆外的其他材料(清理入库)	60	60
7	线路工程各种设备以及除光(电)缆外的其他材料(不需清理入库)	30	30

(5) 敷设光(电)缆工程量计算时，应考虑敷设的长度和设计中规定的各种预留长度。

(6) 敷设光缆定额中，光时域反射仪台班量是按单窗口测试取定的，如需双窗口测试时，其人工和仪表定额分别乘以1.8的系数。

2.3.2.3 章

每个分册都包含若干章，每章都有章说明。章说明主要说明分部、分项工程的工作内容，工程量计算方法和本章节有关规定、计量单位、起讫范围、应扣除和应增加的部分等。这部分是工程量计算的基本规则，必须全面掌握。例如，第四册《通信线路工程》中第2章《敷设埋式光(电)缆》的章说明如下。

(1) 挖、填光(电)缆沟及接头坑定额中不包括地下、地上障碍物处理的用工、用料，工程中实际发生时由设计按实计列。

(2) 敷设通信全塑电缆，是按对数划分子目，不论线径大小，定额工日不做调整。

(3) 海缆敷设所用的敷设船仅适用于近海作业。

(4) 安装水线光缆标志牌、信号灯定额中不含引入外部供电线路工作内容，工程中需要时由设计另行按实计列。

2.3.2.4 节

每章都包含若干节，每节包括本节的工作内容和定额项目表两个部分。定额项目表列出了分部、分项工程所需的人工、主要材料、机械仪表台班的消耗量。例如，第四册《通信线路工程》中第2章《敷设埋式光(电)缆》的第1节《挖、填光(电)缆沟及接头坑》的内容如下。

(1) 工作内容。

① 挖、填光（电）缆沟及接头坑：挖、填光（电）缆沟及接头坑，石沟布眼钻孔、装药放炮、弃渣清理或人工开槽等。

② 石质沟槽铺盖细土：运细土、撒铺（盖）细土等。

③ 手推车倒运土方：装车、近距离运土、卸土等。

(2) 定额项目表：定额项目表如表 2-6 所示。

表 2-6 施工定额项目表

定额编号			TXL2-001	TXL2-002	TXL2-003	TXL2-004	TXL2-005	TXL2-006	TXL2-007
项目			挖、松填光(电)缆沟及接头坑						
			普通土	硬土	砂砾土	冻土	软石	坚石(爆破)	坚石(人工)
定额单位			$100m^3$						
名称		单位	数量						
人工	技工	工日					5.00	24.00	50.00
	普工	工日	42.00	59.00	81.00	150.00	185.00	217.00	448.00
主要材料	硝铵炸药	kg					33.00	100.00	
	火雷管(金属壳)	个					100.00	300.00	
	导火索	m					100.00	300.00	
机械	燃油式空气压缩机(含风镐)$6m^3/min$	台班					3.00		10.00
仪表									

2.3.2.5 附录

只有第四册《通信线路工程》和第五册《通信管道工程》最后列有附录，可供编制预算定额时参考。

2.4 通信建设工程概算定额

概算定额也称为扩大结构定额，是以一定计量单位规定的建安工程扩大结构、分部工程或扩大分项工程所需人工、材料与机械的需要量。概算定额是在预算定额的基础上，以安装工程的主要分项工程的形象部位为主，根据若干个有代表的施工图统计，取定单位工程综合工程定额，所以比预算定额更具有综合性质。

(1) 概算定额的作用

① 概算定额是初步设计阶段编制建设项目概算和技术设计阶段编制修正概算的依据。

② 概算定额是设计方案比较的依据。所谓设计方案比较，目的是选择出技术先进可靠、经济合理的方案，在满足使用功能的条件下，达到降低造价和资源消耗的目的。

③ 概算定额是编制主要材料需要量的计算基础。根据概算定额所列材料消耗指标计算工程用料数量，可在施工图设计之前提出供应计划，为材料的采购、供应做好准备。

④ 概算定额是编制概算指标和投资估算指标的依据。

⑤ 概算定额也是工程招标承包制中，对已完工程进行价款结算的主要依据。

(2) 概算定额的编制　由于概算定额和预算定额都是工程计价的依据，所以应符合价值规律和反映现阶段生产力水平。在概预算定额水平之间应保留必要的幅度差，并在概算定额的编制过程中严格控制。另外，为了事先确定造价，控制项目投资，概算定额要尽量不留活口或少留活口。概算定额的编制依据如下：

① 现行的设计标准规范；

② 现行建筑和安装工程预算定额；

③ 国务院各有关部门和各省、自治区、直辖市批准颁发的标准设计图集和有代表性的设计图纸等；

④ 现行的概算定额及其编制资料；

⑤ 编制期间，行业人工工资标准、材料预算价格和机械台班费用等。

(3) 概算定额的内容　概算定额册的主要内容有：总说明、章和节说明。在总说明中，明确了编制概算定额的依据、所包括的内容和用途、使用的范围和应遵守的规定、工程量的计算规则、某些费用的取费标准和工程概算造价的计算公式等；章、节说明中规定了分部工程量计算规定及所包含的定额项目和工作内容等。

2.5 实训：预算定额的使用

2.5.1 实训目的

通过本次实训，能够学会通信工程项目定额的查询方法；熟悉定额手册中工程项目的名称、单项工程所需主材的名称、单位和用量；学会单项工程人工工日、机械台班量和仪表台班量的确定方法。

2.5.2 实训注意事项

在实训过程中，除了对定额的作用、内容和适用范围应有足够的认识外，在选用时还要注意以下几点。

(1) 定额项目名称的确定。设计概（预）算的计价单位划分应与定额规定的项目内容相对应，才能直接套用。定额数量的换算，应按定额规定的系数调整。

(2) 定额的计量单位。定额在编制时，为预算价值的精确性，对许多定额项目，采用了扩大计量单位的办法。例如定额 TXL2-001：挖、松填光（电）缆沟及接头坑（普通土），以 $100m^3$ 为单位，在使用定额时必须注意计量单位的规定，避免出现了小数点定位的错误。

(3) 定额项目的划分。定额中的项目划分是根据分项工程对象和工种的不同、材料品种的不同、机械类型的不同而划分的，套用时要注意工艺、规格的一致性。

(4) 注意注释。注意定额项目表下的注释，因为注释说明了人工、材料、机械以及仪表台班消耗量的使用条件和增减的规定。

2.5.3 实训内容

(1) 定额使用举例。查询工程项目“人工开挖混凝土路面（150mm 以下）”的定额：

从工程含义上分析，查看定额目录，应在第四册《通信线路工程》第1章《施工测量与开挖路面》第2节《开挖路面》，可知定额编号为TXL1-007，单位为$100m^2$、技工工日为6.88、普工工日为61.92；不需要主材；机械消耗量为燃油式路面切割机0.7台班；燃油式空气压缩机$6m^3/min$（含风镐）1.5台班；没有使用仪表；查询通信工程机械台班单价定额可知，燃油式路面切割机台班单价为121元；燃油式空气压缩机$6m^3/min$（含风镐）单价为330元。

（2）查询附录中定额，填写表2-7。

表2-7 工程定额统计

项目名称	定额编号	单位	单位定额工日	
			技工	普工
安装室内电缆走线架				
安装壁挂式外围告警监控箱				
安装定向天线 楼顶铁塔上(高度)(20m以下)				
布放射频同轴电缆7/8″以上(布放10m)				
CDMA基站系统调测(6个扇载以下)				
GPS定位				
人工开挖路面(砂石路面250mm以下)				
挖、夯填光(电)缆沟及接头坑(砂砾土)				
机械顶管				
立9m以下水泥杆(软石)				
水泥杆另缠法装7/2.2单股拉线(综合土)				
水泥杆架设7/3.0吊线(平原)				
敷设管道光缆(36芯以下)				
光缆接续(48芯以下)				
安装墙挂式交接箱(1200对以下)				
管道沟抽水(中水流)				
敷设水泥管道—平型				
敷设塑料管道9孔(3×3)				
油毡防水法二油一毡				

2.5.4 实训报告

（1）说明工程项目定额的查询过程和内容。

（2）举例说明《通信建设工程定额》的使用方法。

习题

1. 判断对错

（ ）(1) 预算的编制，应在批准的初步设计概算范围内进行。

（ ）(2) 定额子目中的人工量包括基本用工、辅助用工和其他用工。

（ ）(3) 凡是只列人人工量而未列主材消耗量的定额子目，说明此项目在施工时不需要消耗材料。

2. 名词解释

(1) 概算定额　(2) 单项工程　(3) 施工定额

(4) 量价分离　(5) 技普分开　(6) 机械台班量

3. 选择正确答案填人括号中

(1) 加强通信工程建设市场的管理和监督目的是为了（　）。

A. 提高经济效益　B. 增加收入

C. 限制市场的发展　D. 加强市场的监管，提高工程质量

(2) 邀标形式是指通信工程规模较小，造价不高，需要尽快施工的小型通信工程。关于邀标形式下列说法正确的是（　）。

A. 通过广告发布工程信息　B. 通过私下交易

C. 邀请有资质的公司公开参与　D. 规定一个参与竞争

(3) 在现行通信建设工程预算定额的子目编号中，表示无线通信设备安装工程的字母是（　）。

A. TSY　B. TSW

C. TGD　D. TSD

(4) 三级施工企业可承担（　）。

A. 一类工程　B. 一类及以下工程

C. 二类工程　D. 三类及以下工程

4. 预算定额的作用是什么？现行定额由哪些内容组成？

5. 定额的特点是什么？

6. 通信工程质量监理有哪些要求？

7. 通信工程如何招标？其具体流程和步骤是什么？

8. 通信工程如何投标？其目的、意义是什么？怎样进行？

9. 查询定额，计算下列工程量的预算值（包括人工和机械）。

(1) 挖、松填光（电）缆沟及接头坑（冻土）　$200m^3$；

(2) 敷设管道光缆（36 芯以下）　16 千米条；

(3) 光缆接续（24 芯以下）　20 头；

(4) 机械顶管　150m；

(5) 立 11m 以下水泥杆（综合土）　2 根；

(6) (平原)装设 7/2.6 单股拉线（普通土）　10 条；

(7) 40km 以下光缆中继段测试（48 芯以下）　1 中继段；

(8) 移动通信基站天、馈线系统调测　6 条；

(9) 安装室内电缆走线架　10m。

3 工程量的计算

学习指南 ▶▶▶

本章主要内容为通信工程识图方法、常用工程图例、通信线路工程量和通信设备工程量的计算方法。要求能够看懂施工图并根据施工图计算通信工程的工程量。

3.1 通信工程识图

通信工程图纸是通过图形符号、文字符号、文字说明及标注表达具体的工程性质，专业人员通过图纸能够了解工程规模、工程内容、统计出工程量、编制工程概预算。在概预算文件编制中，阅读图纸、统计工程量的过程就称为识图。

3.1.1 通信工程制图

3.1.1.1 通信工程制图的基本要求

① 图面布局合理、排列均匀、轮廓清晰、便于识别。

② 选用合适的图线宽度，避免图中线条过粗和过细。

③ 正确使用图标和行业规定的图形符号。派生新的符号时，应符合图标图形符号的派生规律，并在合适的地方加以说明。

④ 在保证图面布局紧凑和使用方便的前提下，应选择合适的图纸幅面，使图纸大小适中。

⑤ 应准确地按规定标注各种必要的技术数据和注释，并按规定进行书写或打印。

⑥ 工程设计图纸应按规定设置图衔，并按规定的责任范围签字，各种图纸应按规定顺序编号。

3.1.1.2 通信工程制图的统一规定

（1）图幅尺寸　工程设计图纸幅面和图框大小应符合国家标准 GB 6988.2—86《电气制图一般规则》的规定，一般采用 A0、A1、A2、A3、A4 及其加长的图纸幅面，现多数采用 A4 幅面。

（2）图线形式

① 通常只选用两种宽度图线。粗线宽度是细线的两倍，主要图线采用粗线，次要图线采用细线。

② 使用图线绘图时，应使图形的比例和配线协调恰当，重点突出，主次分明。

③ 细实线是最常用的线条。指引线、尺寸标注应使用细实线。

④ 当需要区分新安装的设备时，则粗线表示新建，细线表示原有设施，虚线表示规划预备部分。

⑤ 平行线之间的最小间距不宜小于粗线宽度的两倍，同时最小不能小于 0.7mm。

3.1.1.3 比例

① 对于建筑平面图、平面布置图、管道线路图、设备加固图及零部件加工图等图纸，一般应有比例要求；对于系统框图、电路图、方案示意图等图纸则无比例要求。

② 对平面布置图、线路图和区域规划性质的图纸推荐的比例有 1∶10、1∶20、1∶50、1∶100、1∶200、1∶500、1∶1000、1∶2000、1∶5000、1∶10000 及 1∶50000 等。

③ 对于设备加固图及零部件加工图等图纸推荐的比例有 1∶2、1∶4 等。

④ 应根据图纸表达的内容深度和选用的图幅，选择合适的比例。对于通信线路及管道类的图纸，为了更方便地表达周围环境情况，可采用沿线路方向按一种比例绘制，而周围环境的横向距离采用另外一种比例或基本按示意性比例绘制。

3.1.1.4 尺寸标注

① 图中的尺寸单位，除标高和管线长度以米（m）为单位外，其他尺寸均以毫米（mm）为单位。按此原则标注的尺寸可不加计量单位的文字符号。若采用其他单位时，应在尺寸数值后加注计量单位的文字符号。

② 尺寸界线用细实线绘制，两端应画出尺寸箭头，箭头指到尺寸界线上，表示尺寸的起止。尺寸的箭头使用实心箭头，箭头的大小应按可见轮廓选定，其大小在图中应保持一致。

③ 尺寸数值应顺着尺寸线方向写，并符合视图方向，数值的高度方向应和尺寸线垂直，并不得被任何图线通过。当无法避免时，应将图纸断开，在断开处填写数字。

④ 有关建筑尺寸标注，可按《房屋建筑制图标准》（GB/T 5001—2001）要求标注。

3.1.2 通信工程常用图例

目前，通信建设工程规划、设计和施工部门均使用制图软件进行工程制图，使用计算机绘图，必须采用规范化和标准化的符号。为此，从通信行业标准、相关设计手册、设计文件和常用设计软件中收集一些具有代表性的制图符号作为图例，图例就是用来表示设计意图的符号。使用统一的图例，可以使工程图纸通俗易懂、规范清晰，若采用其他符号绘制，必须在图中加以说明。

3.1.2.1 通信线路工程常用图例

通信线路工程图例可分为通信管道、光（电）缆敷设、通信杆路和综合布线四个部分，由于图例数量众多，这里仅选列部分，如表 3-1 所示。

表 3-1 通信线路工程常用图例

项目类别	图形符号	说明	图形符号	说明
通信管道		原有管道断面(6孔管道,并做管道基础,管孔材料可为水泥管、钢管、塑料管等)		新建塑料或钢管管道断面(上面为6孔水泥管道,下面做管道基础)
	局前	局前人孔(原有为细线,新建为粗线)	N1 中手	手孔(注:有大号、中号、小号之分,大四表示大号四通型人孔,N1为人孔编号)
	混#150 0.85 普通土 1.26～1.66 0.80～120 0.46 0.65	一立型[一般要标注管道挖深范围,管道基础厚度和宽度,并标注路面情况(混#150),挖土土质(普通土),管群净高度,管道包封情况,管群上方距路面高度]	0.98 普通土 1.08～1.48 0.80～1.2 8cm 包封 0.28 加混凝土 0.78	2孔(2×1)(一般要标注管道挖深范围,管道基础厚度和宽度,并标注路面情况,挖土土质,管群净高度,管道包封情况,管群上方距路面高度)

续表

项目类别	图形符号	说明	图形符号	说明
通信管道	05	管道光(电)缆管孔占用示意图(管孔数量依实际排列情况定,⧅表示已穿放电缆,□表示管孔空闲,05 表示本次敷设的光缆及编号)		光缆子管占用管道示意图(㊇表示 1 个管道中穿 3 根子管)
光(电)缆敷设		光缆或光纤的一般符号		光缆中继器(原有用细线表示,新设用粗线表示)
	N	架空式光缆交接箱(N 为交接箱编号,原有用细线表示,新设用粗线表示)	预留 8m P10 P11 50	架空光缆在电杆上预留地标注(原有用细线表示,新设用粗线表示)
	L (钉)HYAn·2·d N	钉固式墙壁电缆		石砌坡、坎、堵塞保护
		水线地锚		路由标石
通信杆路	P18 8 或 P18 8	电杆(P18 为电杆标号,8 为电杆程式,电杆程式也可用文字具体表示。原有用细线表示,新设用粗线表示)	2×7/2.6	原有双股拉线(程式)有 7/2.2,7/2.6,7/3.0;原有用细线表示,新设用粗线表示)
	12 7/2.2	新设墙壁拉线(12 为距离,其他同上)	或	双方拉线(粗线为新设、细线为原有)
	新设 7/2.2 HYA200×2×0.4	架空电缆杆面程式(穿钉式,架空吊线的条数和位置依实际情况画,新设吊线为实心,利旧为空心)		原有卡盘或单横木
综合布线		信息插座(单孔)	PABX	用户自动交换机
	LANX	局域网交换机		RJ-45 引线

3.1.2.2 通信设备工程常用图例

通信设备的图例包括通信局站、机房设施、数据通信、天线和通信电源五个部分,如表 3-2 所示。

表 3-2 通信设备工程常用图例

项目类别	图形符号	说明	图形符号	说明
通信局站		通信局、所、站、台的一般符号(注:①必要的可根据建筑物的形状绘制;②圆形符号一般表示小型从属站;③可以加注文字符号来表示不同的等级、规模、用途、容量及局号等)		有线终端站(注:可以加文字符号表示不同的规模、形式)
		无线通信局站的一般符号		卫星通信地球站
		微波通信中间站		微波通信终端站

续表

项目类别	图形符号	说明	图形符号	说明
机房设施		屏、盘、架的一般符号		列架的一般符号
		总配线架		走线架、电缆走道
		电缆槽道(架顶)		照明配电箱(屏)
		多种电源配电箱(屏)		插座、插孔的一般符号
数据通信	(*)	适配器(注：*号可用技术标准或特征表示)	DTE	数据终端设备
天线		天线的一般符号		矩形导馈电抛物面天线
		天线塔的一般符号		环形(或矩形)天线

3.2 通信线路工程量计算

通信建设工程无论是初步设计还是施工图设计都依据设计图纸统计工程量，按实物工程量编制通信建设工程概预算文件。工程量的计算涉及工程量项目的划分、计量单位的取定以及有关系数的调整换算等，都应按相关专业的计算规则要求确定。计算时，应以设计规定的所属范围和设计分界线为准、布线走向和部件设置以施工技术验收规范为准、工程量的计量单位必须与施工定额计量单位相一致。另外，涉及材料和设备时应以施工安装的实际数量为准，所用材料数量不能作为安装工程量，因为所用材料数量和安装实用的材料数量有一个差值。

3.2.1 开挖（填）土（石）方

开挖（填）土（石）方包括开挖路面，挖（填）管道沟及人孔坑，挖、填光（电）缆沟及接头坑三个部分。其中凡在铺砌路面下开挖管道沟或人（手）孔坑时，其沟（坑）土方量应减去开挖的路面铺砌物的土方量；管道沟回填土体积按挖土体积扣除地面以下管道和人（手）孔（包括基础）等的体积计算。

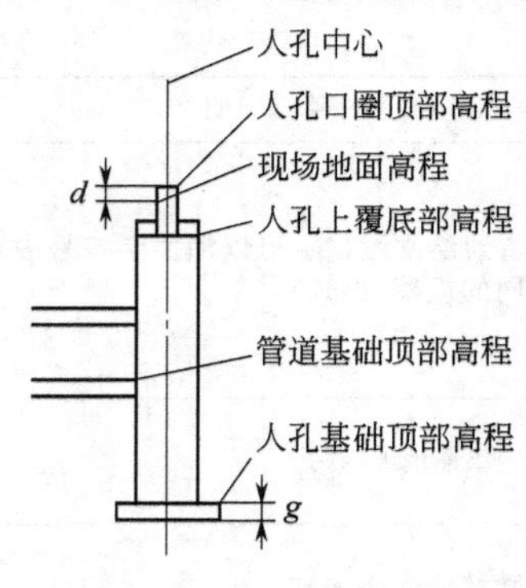

图 3-1 通信人孔设计示意图

(1) 施工测量（单位：100m）

管道工程施工测量长度＝各人孔中心至其相邻人孔中心距离之和

光(电)缆工程施工测量长度＝路由图末长度－路由图始长度

(2) 挖光（电）缆沟长度计算（单位：100m）

光(电)缆沟长度＝图末长度－图始长度－(截流长度＋过路顶管长度)

(3) 计算人（手）孔坑挖深（单位：m） 通信人（手）孔是地下管道光（电）缆敷设、接续、检测和维修使用的地下设施。一般来说，人孔的体积大于手孔，可连接多个通信管道。设计示意图如图 3-1 所示。

$$H=h_1-h_2+g-d \tag{3-1}$$

式中 H——人孔坑挖深，m；

h_1——人孔口圈顶部高程，m；

h_2——人孔基础顶部高程，m；

g——人孔基础高程，m；

d——路面厚度，m。

（4）计算管道沟深（单位：m） 计算某段管道沟深是在两端分别计算沟深后，取平均值，再减去路面厚度作为沟深。管道沟挖深和管道设计示意图分别如图 3-2(a) 和图 3-2(b) 所示。

$$H=[(h_1-h_3+g_d)_{人孔1}+(h_1-h_3+g_d)_{人孔2}]/2-d \tag{3-2}$$

式中 H——管道沟深（平均埋深，不含路面厚度），m；

h_1——人孔口圈顶部高程，m；

h_3——管道基础顶部高程，m；

g_d——管道基础厚度，m；

d——路面厚度，m。

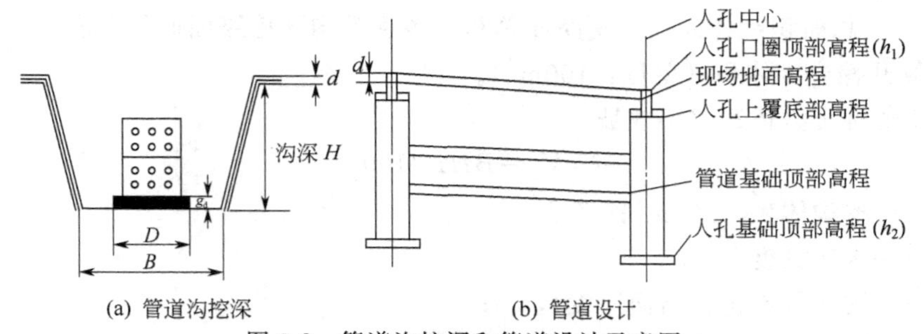

(a) 管道沟挖深　　(b) 管道设计

图 3-2 管道沟挖深和管道设计示意图

（5）计算开挖路面面积（单位：$100\mathrm{m}^2$）

① 开挖管道沟路面面积工程量（不放坡）。

$$A=BL/100 \tag{3-3}$$

式中 A——路面面积工程量，$100\mathrm{m}^2$；

B——沟底宽度（沟底宽度 B＝管道基础宽度 D＋施工余度 $2d$），m；

L——管道沟路面长（两相邻人孔坑边间距），m。

施工余度 $2d$：管道基础宽度（D）＞630mm 时，$2d=0.6\mathrm{m}$（每侧各 0.3m）；管道基础宽度（D）≤630mm 时，$2d=0.3\mathrm{m}$（每侧各 0.15m）。

② 开挖管道沟路面面积工程量（放坡）。

$$A=(2Hi+B)L/100 \tag{3-4}$$

式中 A——路面面积工程量，$100\mathrm{m}^2$；

H——沟深，m；

B——沟底宽度（沟底宽度 B＝管道基础宽度 D＋施工余度 $2d$），m；

i——放坡系数（由设计按规范确定）；

L——管道沟路面长（两相邻人孔坑边间距），m。

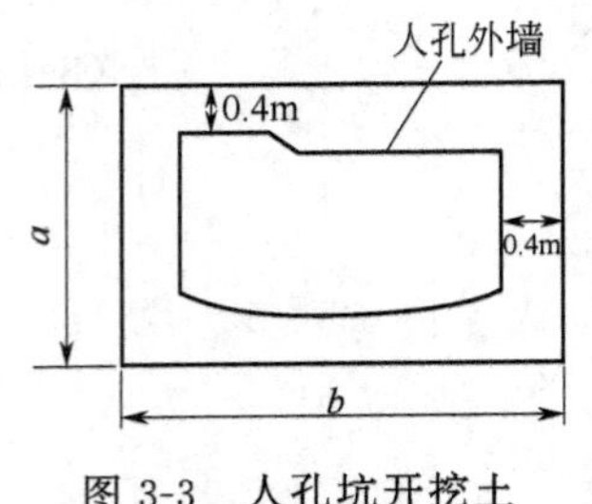

图 3-3 人孔坑开挖土石方示意图

③ 开挖一个人孔坑路面面积工程量（不放坡）。人孔坑开挖土石方示意图如图 3-3 所示。

$$A=ab/100 \tag{3-5}$$

式中 A——人孔坑面积，100m^2；

a——人孔坑底长度（a＝人孔外墙长度＋0.8m＝人孔基础长度＋0.6m），m；

b——人孔坑底宽度（b＝人孔外墙宽度＋0.8m＝人孔基础宽度＋0.6m），m。

④ 开挖人孔坑路面面积工程量（放坡）。

$$A=(2Hi+a)(2Hi+b)/100 \tag{3-6}$$

式中 A——人孔坑路面面积，100m^2；

H——坑深（不含路面厚度），m；

i——放坡系数（由设计按规范确定）；

a——人孔坑底长度，m；

b——人孔坑底宽度，m。

⑤ 开挖路面总面积。

总面积＝各人孔开挖路面总和＋各管道沟开挖路面面积总和

⑥ 计算开挖土方体积（单位：100m^3）。

a. 挖管道沟土方体积（不放坡）

$$V_1=BHL/100 \tag{3-7}$$

式中 V_1——挖沟体积，100m^3；

B——沟底宽度，m；

H——沟深（不包含路面厚度），m；

L——沟长（两相邻人孔坑坑口边间距），m。

b. 挖管道沟土方体积（放坡）

$$V_2=(Hi+B)HL/100 \tag{3-8}$$

式中 V_2——挖管道沟体积，100m^3；

H——平均沟深（不含路面厚度），m；

i——放坡系数（由设计按规范确定），m；

B——沟底宽度，m；

L——沟长（两相邻人孔坑坡中点间距），m。

c. 挖一个人孔坑土方体积（不放坡）

$$V_1=abH/100 \tag{3-9}$$

式中 V_1——人孔坑土方体积，100m^3；

H——人孔坑深（不含路面厚度），m；

a——人孔坑底长度，m；

b——人孔坑底宽度，m。

d. 挖一个人孔坑土方体积（放坡）

$$V_2=\left[ab+(a+b)Hi+\frac{4}{3}H^2i^2\right]H/100 \tag{3-10}$$

式中 V_2——人孔坑土方体积，$100m^3$；

H——人孔坑深（不含路面厚度），m；

a——人孔坑底长度，m；

b——人孔坑底宽度，m；

i——放坡系数。

e. 总开挖土方体积（在无路面情况下）

总开挖土方量＝各人孔开挖土方总和＋各段管道沟开挖土方总和

f. 光（电）缆沟土（石）方开挖工程量（或回填量）

石质光（电）缆沟和土质光（电）缆沟结构示意图分别如图 3-4（a）和图 3-4（b）所示。

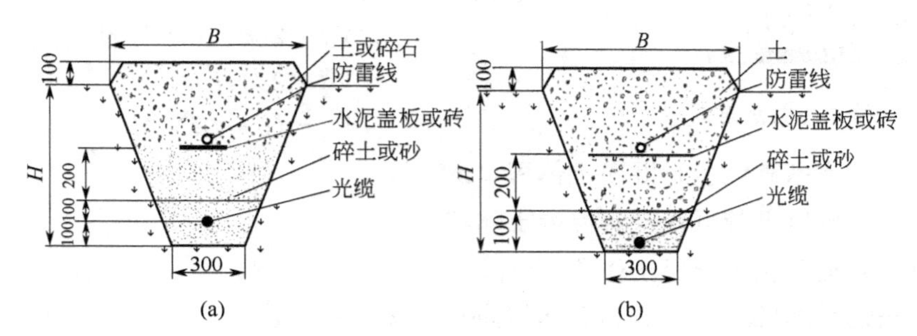

图 3-4 石质光（电）缆沟和土质光（电）缆沟结构示意图

$$V=[(B+0.3)HL/2]/100 \tag{3-11}$$

式中 V——光（电）缆沟土（石）方开挖量（或回填量），$100m^3$；

B——光（电）缆沟上口宽度，m；

0.3——沟下底宽，m；

H——光（电）缆沟深度，m；

L——光（电）缆沟长度，m。

⑦ 回填土（石）方工程量。

a. 通信管道工程回填工程量等于“挖管道沟与人孔坑土方量之和”减“管道建筑体积（基础、管群、包封）与人孔建筑体积之和”。

b. 埋式光（电）缆沟土（石）方回填量等于开挖量，光（电）缆体积忽略不计。

3.2.2 通信管道工程

通信管道工程包括敷设各种通信管道及砌筑人（手）孔等工程。当人孔净空高度大于标准图设计时，其超出定额部分应另行计算工程量。

（1）混凝土管道基础工程量（单位：100m）

$$数量\ N=\sum_{i=1}^{m}L_i/100 \tag{3-12}$$

式中 $\sum_{i=1}^{m}L_i$——m 段同一种管群组合的管道基础总长度，m；

L_i——第 i 段管道基础的长度，m。

【注意】 分别按管群组合系列计算工程量。

(2) 敷设水泥管道工程量（单位：100m）

$$数量\ n=\sum_{i=1}^{m}L_i \tag{3-13}$$

式中 $\sum_{i=1}^{m}L_i$——m 段同一种组群管道的总长度，m；

L_i——第 i 段管道基础的长度（两相邻人孔中心间距），m。

【注意】 敷设钢管、塑料管管道工程分别按管群组合系列计算工程量。

(3) 通信管道包封混凝土工程量（单位：m） 管道包封示意图如图 3-5 所示。

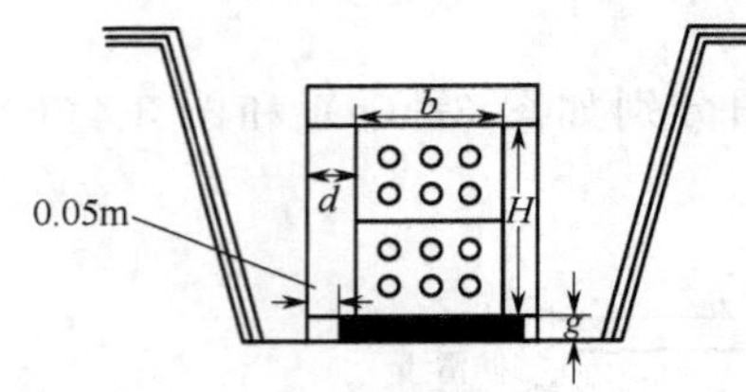

图 3-5 管道包封示意图

$$包封体积数量\ n=(V_1+V_2+V_3) \tag{3-14}$$

$$V_1=2(d-0.05)gL$$

$$V_2=2dHL$$

$$V_3=(b+2d)dL$$

式中 V_1——管道基础侧包封混凝土体积，m^3；

V_2——基础以上管群侧包封混凝土体积，m^3；

V_3——管道顶包封混凝土体积，m^3；

d——包封厚度（左、右和上部相同），m；

0.05——基础每侧外露宽度，m；

g——管道基础厚度，m；

L——管道基础长度（相邻两人孔外壁间距），m；

H——管群侧高，m。

(4) 无人孔部分砖砌通道工程量（单位：100m）

$$数量\ n=\sum_{i=1}^{m}L_i/100 \tag{3-15}$$

式中 $\sum_{i=1}^{m}L_i$——m 段同一种型号通道总长度，m；

L_i——第 i 段通道长度（为两相邻人孔中心间距减去 1.6m）。

(5) 混凝土基础加筋工程量（单位：100m）

$$数量\ n=L/100 \tag{3-16}$$

式中 L——除管道基础两端 2m 以外的需加钢筋的管道基础长度，m。

3.2.3 光（电）缆敷设与防护

光（电）缆敷设与防护包括长途、市话光（电）缆线路的保护及防护。与光（电）缆敷设有关系的其他工程量，应按其相应规定另行计算。

(1) 敷设光（电）缆长度

$$敷设光缆长度=施工丈量长度\times(1+K‰)+设计预留 \tag{3-17}$$

式中 K——自然弯曲系数，埋式 $K=7$，管道、架空 $K=5$。

（2）光（电）缆使用长度

$$光缆的使用长度=敷设长度\times(1+\&‰) \tag{3-18}$$

式中 &——损耗系数，埋式 &=5，管道 &=15，架空 &=7。

（3）槽道、槽板、室内通道敷设光缆工程量（单位：百米条）

$$N=\sum_{i=1}^{m}L_i n_i \tag{3-19}$$

式中 N——各段内光缆的敷设总量，百米条；

L_i——第 i 段内光缆长度，m；

n_i——第 i 段内光缆条数，条。

（4）整修市话线路移挂电缆工程量（单位：档）

$$数量\ n=L/40 \tag{3-20}$$

式中 L——架空移挂电缆路由长度，m；

40——市话杆路电杆距离，m。

（5）护坎（单位：m^3） 护坎是为防止水流冲刷，修建在坡地上的防护设施。示意图如图 3-6 所示。

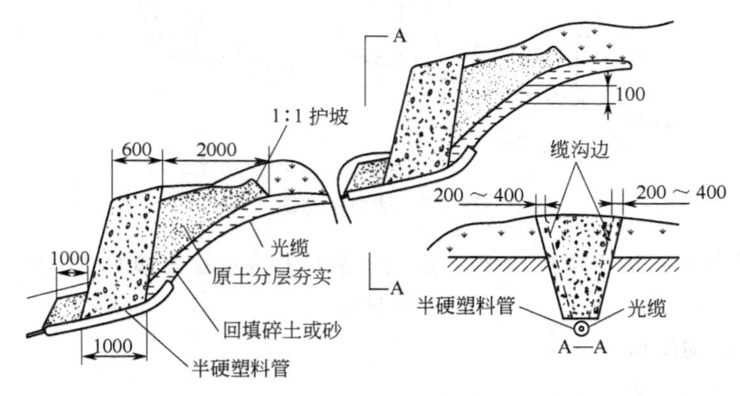

图 3-6 护坎示意图

$$V_2=[a_1b_1+a_2b_2+(a_1+a_2)(b_1+b_2)]H/6 \tag{3-21}$$

式中 V_2——护坎体积，m^3；

a_1——护坎上宽，m；

b_1——护坎上厚，m；

a_2——护坎下宽，m；

b_2——护坎下厚，m；

H——护坎总高，m。

【注意】 护坎方量按“石砌”、“三七土”分别计算工程量。

（6）护坡工程量（单位：m^3） 护坡的作用也是防止水流冲刷，护坎中包含护坡。

$$V=HLB \tag{3-22}$$

式中 V——护坡体积，m^3；

L——护坡宽，m；

B——平均厚，m；

H——护坡高，m。

（7）堵塞（单位：m^3） 堵塞修建在坡地，固定光（电）缆沟的回填土壤。堵塞示意图如图 3-7 所示。

$$V_2=[a_1b_1+a_2b_2+(a_1+a_2)(b_1+b_2)]H/6 \tag{3-23}$$

式中 V_2——堵塞体积，m^3；

a_1——堵塞上宽，m；

b_1——堵塞上厚，m；

a_2——堵塞下宽，m；

b_2——堵塞下厚，m；

H——堵塞高，m。

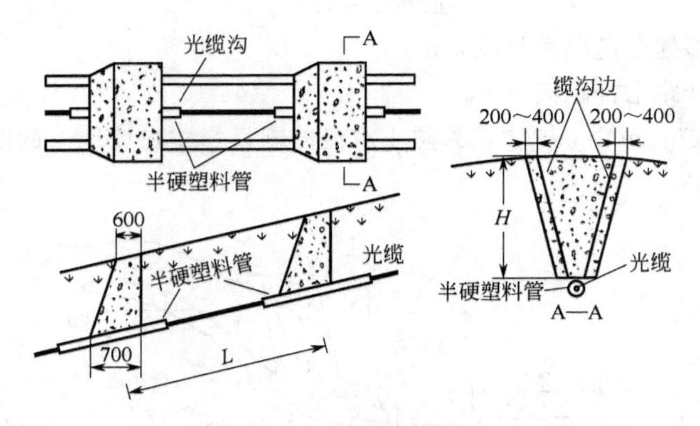

图 3-7 堵塞示意图

（8）水泥砂浆封石沟（单位：m） 水泥砂浆封石沟示意图如图 3-8 所示。

$$V=HAL \tag{3-24}$$

式中 V——封石沟体积，m^3；

A——封石沟宽度，m；

L——封石沟长度，m；

H——封石沟水泥砂浆厚，m。

（9）漫水坝（单位：m^3） 漫水坝示意图如图 3-9 所示。

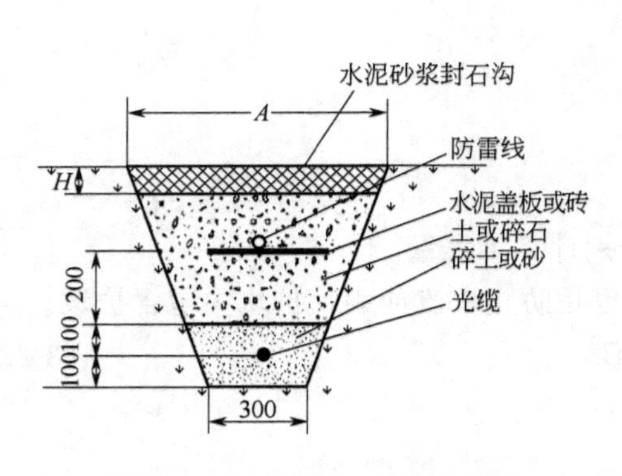

图 3-8 水泥砂浆封石沟示意图

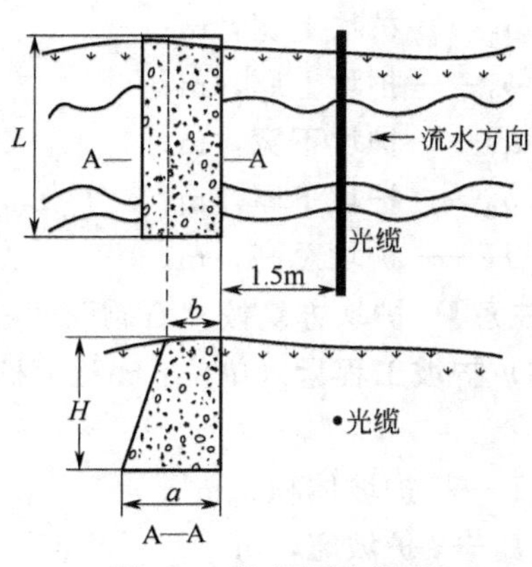

图 3-9 漫水坝示意图

$$V=HL(a+b)/2 \tag{3-25}$$

式中 V——漫水坝体积，m^3；

a——漫水坝底厚度，m；

b——漫水坝顶厚度，m；

L——漫水坝长度，m；

H——漫水坝高，m。

3.2.4 综合布线工程

综合布线工程主要包括室内施工测量、设备安装和布放线缆等工程。

3.2.4.1 室内施工测量（单位：100m）

室内施工测量长度＝路由图末长度－路由图始长度

另外，进行配线（水平）子系统施工测量长度量统计时，在同一楼层的不同水平线如走的是同一管路、槽道或桥架的线路路由，只能按此线路路由的长度统计施工测量工程量，不能按此线路路由内敷设的各单管水平走线相加的方法，来计算施工测量工程量。

3.2.4.2 综合布线设备安装工程量

（1）安装信息插座底盒（接线盒）

$$每个楼层信息插座数量估值\ C=\frac{A}{P}\times\frac{W}{10} \tag{3-26}$$

式中 C——每个楼层信息插座数量，10 个；

A——每个楼层布线区域工作区的面积，m^2；

P——单个工作区所辖面积，一般值为 9，m^2；

W——单个工作区信息插座数量，个。

每个楼层信息插座数量也可按实际用量统计。

（2）安装机柜、机架、接线箱（不包括安装固定接线模块）、抗振底座 按实物（实际）工程量统计。在安装机柜、机架和接线箱时，往往由于现场场地所限或建设单位的意见，配线设备和网络设备放置在一个机柜、机架或接线箱内，此时，安装机柜、机架和安装接线箱的工程量不应分别计算。如配线设备放在机柜、机架内，其工程量应是安装机柜、机架的工程量加上部分安装接线箱的工程量（与建设单位协商，给 1～2.7 个工日）。如网络设备放在接线箱内，其工程量应是安装接线箱的工程量加上部分安装机柜、机架的工程量（与建设单位协商，给 1～3 个工日）。

（3）敷设管路（钢管、硬质 PVC 管）、敷设线槽（金属线槽、塑料线槽） 按实物（实际）工程量统计。

3.2.4.3 布放线缆

（1）水平布线子系统每个楼层布线（单位：100m）

$$S=[0.55(F+N)+6]C/100 \tag{3-27}$$

式中 S——每楼层的布线总长度，100m；

F——最远的信息插座距配线间的最大可能路由距离，m；

N——最近的信息插座距配线间的最大可能路由距离，m；

C——每个楼层的信息插座数量，个；

0.55——平均电缆长度系数；

6——端接容接差常数（主干采用15、配线采用6）。

（2）干线（垂直）光（电）缆敷设（单位：100m）

$$敷设长度\ L_i=施工测量长度(1+K\%)+设计预留+端接容差$$

式中，K 为自然弯曲系数，按10%计取；端接容差取15m。

参照《通信建设工程预算定额》第二册《通信线路工程》中的敷设槽道、槽板、引上光缆及室内通道光缆和敷设引上、墙壁、槽道（含地槽）、顶棚内，布放市话及市话成端电缆的工程量统计内容进行。其工程量按实物（实际）工程量计算。

（3）敷设总量（单位：100m）

$$数量\ N=各段光(电)缆的敷设总量=\sum_{i=1}^{m}L_i n_i/100 \quad (3\text{-}28)$$

式中 L_i——第 i 段内光（电）缆长度，100m；

n_i——第 i 段内光（电）缆条数，条。

3.3　通信设备工程量计算

3.3.1　通信电源

通信电源工程包括蓄电池、太阳能电池、柴油发电机组及其附属设备、无人值守通信电源配电换流等设备的安装。

（1）安装蓄电池

① 电池抗振铁架安装（单位：m/架），应按型号系列分别统计工程量。

② 铺设橡皮垫（单位：$10m^2$），按需铺设的橡皮垫总面积计算。

③ 安装蓄电池（单位：组），应按“工作电压”（24V、48V）电池类型、蓄电池额定容量统计工程量。

④ 蓄电池按带电解液出厂考虑，定额中所列主要材料硫酸、蒸馏水只考虑运输、搬运等损耗需补充电解液的用量。若出厂不带电解液，按所列消耗量的5倍计算，人工定额不变。

⑤ 蓄电池非低压充放电是指初充电时间为80～120h所消耗的人工定额；低压充放电是指初充电时间为120～168h所消耗的人工定额。

（2）安装太阳能电池等

① 安装太阳能电池方阵铁架（单位：$10m^2$），按“基础底座上安装”、“铁塔上安装”分别统计方阵铁架的总面积。

② 安装太阳能电池（单位：组），应按容量分别统计工程量。

③ 安装风力发电机（单位：台），应按杆高（12m以下、12m以上增加1m）分别统计工程量。

④ 安装柴油发电机组（单位：组），应按额定功率大小分别统计工程量。

⑤ 安装开关电源（单位：架），应按其电流大小分别统计工程量。

⑥ 安装通信用配电换流设备（单位：台），应按项目类别分别统计工程量。

⑦ 安装整流器（单位：台），应按额定功率大小分别统计工程量。

⑧ 安装其他配电换流设备。

a. 安装调压器（单位：台），应按“100kW 以下”、“500kW 以下”分别统计工程量。

b. 安装调试三相不停电电源（单位：套），应按额定功率大小分别统计工程量。

⑨ 控制段内无人值守电源设备与主控设备联测（单位：控制段），应按“含一个中继站的控制段”、“控制段每增加一个中继站”分别统计工程量。

⑩ 布放电源线（单位：10 米条），应按电源线的单芯截面积大小分别统计工程量。

⑪ 制作安装铜（铝）电源母线（单位：10 米条），应按母线截面积大小或直径分别计算工程量。

3.3.2 移动、微波和卫星地球站设备

（1）移动设备安装

① 安装移动通信天线（单位：副），应按天线类别（全向、定向、建筑物内、GPS）、安装位置（楼顶塔上、地面塔上、拉线塔上、支撑杆上、楼外墙上）、安装高度，在楼顶塔上（20m 以下、20m 以上每增加 10m）、地面塔上（40m 以下、40m 以上每增加 10m、90m 以下、90m 以上每增加 10m）分别统计工程量。

② 布放射频同轴电缆（馈线）（单位：条），应按线径大小（7/8in 以下、7/8in 以上）、布放长度（10m 以下、10m 以上每增加 10m）分别统计工程量。

③ 安装室外馈线走道（单位：m），应分别按“楼顶”、“沿楼外墙”统计工程量。

④ 基站设备安装（单位：架），应分别按“落地式”、“壁挂式”统计工程量。

（2）移动基站系统调测

① 模拟基站系统调测（单位：信道），按“一个小区 8 个信道”、“每增加一个信道”分别统计工程量。注意：小区是指天线服务小区。

② GSM 基站系统调测，按“3 个载频以下”、“6 个载频以下”、“6 个载频每增加一个载频”为单位，分别统计工程量（例如：“8 个载频的基站”可分解成“6 载频以下”及 2 个“每增加一个载频”的工程量）。

③ CDMA 基站系统调测，按“6 个扇载以下”、“6 个扇载以上每增加一个扇载”为单位，分别统计工程量。

④ 寻呼基站系统调测，按“1 个频点”、“每增加 1 个频点”为单位，分别统计工程量。

⑤ 移动通信联网调测（单位：站），应分别按“模拟、GSM 全向天线基站”、“模拟、GSM 定向天线基站及 CDMA 基站”、“寻呼基站”分别统计工程量。

（3）微波设备安装

① 吊装抛物面天线安装（单位：副），应按抛物面天线的直径、安装位置及安装高度分别统计工程量。

② 安装微波馈线、分路系统（单位：条），应按馈线截面形状及馈线安装长度分别统计工程量。

③ 调测微波天、馈线（单位：副），应按天线安装位置及天馈线的直径分别统计工程量。

(4) 微波系统调测

① 微波中继段调测（单位：中继段），应按“1+1 系统”、“每增加一个系统”分别统计工程量。

② 微波数字段主通道调测（单位：数字段），应按“1+1 系统”、“每增加一个系统”分别统计工程量。各站分摊的“数字段主通道调测”工程量分别如下。

a. 中间端站（上下电路站）分摊的“数字段主通道调测”工程量=1/2 段×2=1 个（数字段）。

b. 终端站分摊的“数字段主通道调测”工程量=1/2 个（数字段）。

③ 数字微波通信工程全电路主通道调测（单位：全程主通道段），应按“两个终端站 1+1 系统”、“每增加一个系统”、“每增加中间端站”分别统计工程量。当全程只有一个数字段时，不得再计取“全程主通道测试”工程量。

④ 数字微波通信工程全电路辅助通道调测（单位：全程辅助通道段），工程量计取方法和要求同上。

⑤ 全电路集中监控性能测试（单位：站），应按“主控站”、“1+1 系统”、“每增加一个系统”、“次主控站”分别计取工程量。

⑥ 安装、调测一点多址数字微波通信设备（单位：站），应按“中心站（BS）”、“中继站（RS）”、“用户站（SS）”分别统计工程量。

⑦ 测一点对多点信道机（单位：套），应按“收发信机”、“勤务监控”、“分复接器”统计工程量。

(5) 卫星地球站安装

① 安装调试天线座架（单位：站），安装调试卫星天线主、副反射面，安装调试卫星地球站驱动附属装置（单位：站），调测卫星地球站天、馈线系统（单位：副），应按卫星天线直径大小分别统计工程量。

② 安装调测地球站高功放分系统（单位：站），应按功率大小分别统计工程量。

③ 安装卫星地球站地面公用设备分系统（单位：站），应按“1∶1”、“1∶1，每增加一个方向（站）”、“3∶1”、“3∶1，每增加一个方向（盘）”分别统计工程量。

(6) 卫星地球站测试

① 安装卫星地球站监控分系统监控桌（单位：站），应分别按类别统计工程量。

② 测试高功放设备单机分系统（单位：站），应按功率大小分别统计工程量。

③ 地球站内设备环测、地球站系统调测（单位：站），应按卫星天线直径大小统计工程量。

④ 安装 VSAT 高功放设备、低噪声放大器设备（单位：站），应按“1+1 系统”、“每增加 1 个系统”分别统计工程量。

⑤ 控制中心站站内环测及全网系统对测及安装调测端站设备（单位：站），应按“站内环测”、“全网系统对测”、“安装调测端站设备”分别统计工程量。

3.3.3 其他通信设备

其他通信设备包括各种通信机房的铁架、配线设备、照明装置、程控交换设备和光纤数字设备等。

(1) 安装铁架

① 铺地漆布（单位：$100m^2$），按需要铺地漆布地面的总面积计算。

② 安装保安配线箱（单位：个），应按其容量大小分别统计工程量。

③ 安装总配线架（单位：架），应按其容量大小分别统计工程量。

④ 安装列架照明灯（单位：列），应按列架照明类别（2 灯/列、4 灯/列及 6 灯/列）分别统计工程量。列内日光灯安装定额是单管，采用双管时人工乘以 1.2 系数。

⑤ 安装信号灯盘（单位：盘），应按总信号灯盘、列信号灯盘分别统计工程量。

(2) 布放设备电缆及安装程控交换设备

① 放绑设备电缆（单位：100 米条），应按电缆类别（设备电缆、局用高频屏蔽电缆、音频隔离线、SYV 射频同轴电缆）分别计算工程量。

② 程控市内电话中继线 PCM 系统硬件测试（单位：系统），“系统”是指 32 个 64Kb/s 支路的 PCM，应按“系统”统计工程量。

③ 长途程控交换设备硬件调测（单位：千路端），千路端即 1000 个长途话路端口，应按“2 千路端以下”、“10 千路端以下”、“10 千路端以上”分别统计工程量。

④ 安装调测用户交换机（单位：线），应按用户交换机容量分别统计工程量。

(3) 光纤通信数字设备

① 安装测试光端机（单位：端）

$$N=n/2 \tag{3-29}$$

式中 n——进入光端机的光纤根数。

② 数字线路段光端对测中继站（单位：系统/中继段），一收一发的两根光纤为一个“系统”；“中继段”是指相邻两个站之间的传输段。

③ 数字线路段光端对测端站（单位：系统/线路段），线路段是指两个相邻端站间（终端站—中间端站、中间端站—中间端站）的传输段。

3.4 实训：工程量计算

3.4.1 实训目的

(1) 学会施工图的分析过程，熟悉工程图例。

(2) 通过对工程量计算实例的分析，了解通信工程的主要工程项目。

(3) 学会计算工程量，能够正确查询建设工程定额。

3.4.2 实训准备

(1) 通信管道工程的主要工作量

a. 施工测量及开挖路面。

b. 挖填管道及人孔坑。

c. 挖填光（电）缆沟及接头坑。

d. 制作、支撑、拆除挡土板。

e. 人（手）孔（或管道沟）抽水、人（手）孔防水。

f. 混凝土管道基础、基础加筋。

g. 敷设管孔（水泥管、塑料管、钢管）。

h. 管道包封。

i. 砖砌人（手）孔。

通信管道工程在通信建设工程定额的第五分册上，范围大致为 TGD1-001 至 TGD1-039、TGD2-001 至 TGD2-092、TGD3-001 至 TGD3-068。当一些特殊情况无法套用定额时，要进行单独的计算。另外，在施工图上只能直接反映出来一部分，另一部分工程量还必须通过相关定额一一查找或计算统计。

(2) 架空杆路工程的主要工程量

a. 立电杆。

b. 电杆加固及保护（其中主要为装设各种拉线）。

c. 架设架空吊线及各种辅助吊线。

架空杆路工程在通信建设工程定额的第四分册上，范围大致为 TXL3-001 至 TXL3-200。

3.4.3 工程量计算实例

(1) 工程说明　××小区的光缆通信网络线路施工图如图 3-10 所示。

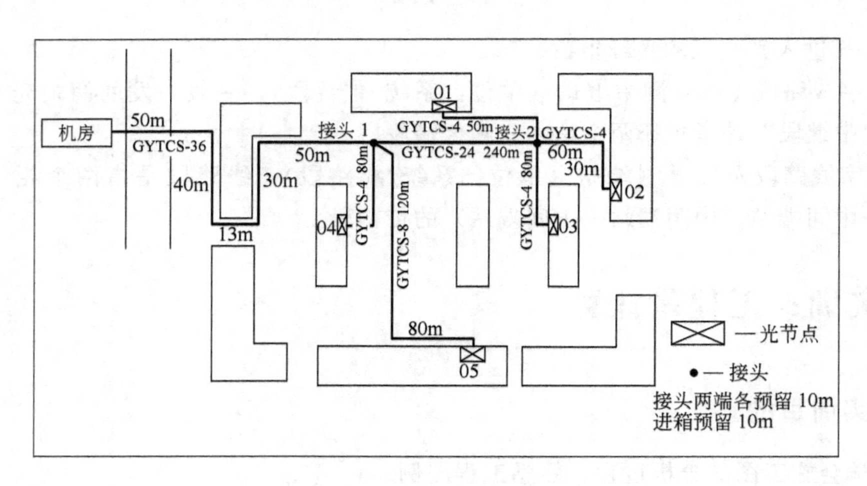

图 3-10　××小区的光缆

其主要工程量为架设自承式架空光缆、光缆接续、光缆成端接续、安装墙挂式多媒体箱，线路走道为一楼半，光缆每个接头预留 10m、进箱预留 10m、机房预留 20m。

(2) 工程量计算过程

① 施工测量：按施工图计算施工的实际距离，不包括光缆的预留。

长度＝50＋40＋13＋30＋50＋80＋120＋80＋240＋80＋50＋60＋30＝923(米)＝ 9.23百米，定额为 TXL1-002。

② 架设自承式架空光缆：按施工图计算架设长度，包括光缆的预留。

a. 架设自承式架空光缆（36 芯）：由机房至接头点 1 的长度＝50＋40＋13＋30＋50＋10(接头 1 预留)＋20(机房预留)＝213(米)＝0.213 千米条，定额为 TXL3-189。

b. 架设自承式架空光缆（24 芯）：由接头点 1 至接头点 2 的长度 ＝ 240＋10(接头 1 预留)＋10(接头 2 预留)＝260(米)＝0.26 千米条，定额为 TXL3-189。

c. 架设自承式架空光缆（8 芯）：由接头点 1 至 05 光节点的长度＝120＋80＋10(接头 1 预留)＋10(进箱 05 预留)＝220(米)＝0.22 千米条，定额为 TXL3-188。

d. 架设自承式架空光缆（4 芯）：由接头点 2 至 01 号光节点、接头点 1 至 04 号光节点、接头点 2 至 02 号光节点、接头点 2 至 03 号光节点的长度合计 ＝50＋10(接头 2 预留)＋10(进箱 01 预留)＋80＋10(接头 1 预留)＋10(进箱 04 预留)＋60＋30＋10(接头 2 预留)＋10(进箱 02 预留)＋80＋10(接头 2 预留)＋10(进箱 03 预留) ＝380(米)＝0.38 千米条，定额为 TXL3-188。

③ 安装墙挂式多媒体箱：数量为 5 个（01 号光节点、02 号光节点、03 号光节点、04 号光节点、05 号光节点），定额为 TXL7-030。

④ 光缆接续：接头 1 点为 36 芯光缆接续，定额为 TXL5-003；接头 2 点为 24 芯，定额为 TXL5-002。

⑤ 光缆成端接头：机房内 36 芯成端接头（ODF 光纤配线架成端）和每个光节点 2 头（共 10 个），合计 46 头，定额为 TXL5-015。

（3）工程量统计　如表 3-3 所示。

表 3-3　工程量统计

序号	项 目 名 称	定额编号	单位	数量
1	施工测量	TXL1-002	100 米	9.23
2	架设自承式架空光缆(36 芯以下)	TXL3-189	1000 米条	0.473
3	架设自承式架空光缆(12 芯以下)	TXL3-188	1000 米条	0.6
4	安装壁挂式多媒体箱	TXL7-030	个	5
5	光缆接续 24 芯以下	TXL5-002	头	1
6	光缆接续 36 芯以下	TXL5-003	头	1
7	光缆成端接头	TXL5-015	芯	46

3.4.4　实训报告

① 按照工程量统计表，计算工程所需技工工日和普工工日。

② 按照定额，统计工程所用主要材料和施工机械。

③ 说明通信工程工程量的计算步骤。

习题

1. 名词解释

(1) 工程识图　　(2) 图例　　(3) 护坎

(4) 堵塞　　(5) 漫水坝　　(6) 管道包封

2. 开挖管道沟（土质为硬土），管道沟上口宽为 1.5m，基础宽为 0.5m，管道沟深 1.2m，管道沟长度为 170m，放坡系数 $i=0.33$，计算开挖路面面积及开挖土方体积。

3. 已知人孔挖深为 2m，人孔坑外墙长度为 2.3m，人孔坑外墙宽度为 2.1m，分别计算不放坡和放坡(放坡系数为 0.33)开挖人孔坑的体积。

4. 已知管道包封如图 3-5 所示，包封厚 0.1m、高 0.12m、宽 0.85m，包封长 20m，计算包封体积。

5. 已知某护坡平均厚度为 0.8m，平均宽度为 1.2m，平均坡高 1m，光缆沟深 1.5m，估算护坡体积。

4 工程费用标准

学习指南 ▶▶▶

通信建设工程费用标准是根据工程的特点，对费用的构成、费率及计算方法所做的规定。结合工程类型、施工企业资质、工程量和主要材料单价，能够计算出建筑安装工程费、主材费、工程建设其他费和工程预备费等费用，这是编制工程概预算文件和进行投资分析的主要依据。

4.1 费用构成

通信建设工程项目总费用由项目的各个单项工程费用之和构成。各单项工程的总费用由工程费、工程建设其他费、预备费、建设期利息四部分构成。具体项目构成如表4-1所示。

表 4-1 通信建设单项工程总费用构成

费用名称	费用内容			
工程费	建筑安装工程费			
	设备、工器具购置费			
工程建设其他费	建设用地及综合赔补费	勘察设计费	安全生产费	工程保险费
	建设单位管理费	环境影响评价费	工程质量监督费	工程招标代理费
	可行性研究费	劳动安全卫生评价费	工程定额编制测定费	专利及专用技术使用费
	研究试验费	建设工程监理费	引进技术及进口设备其他费	生产准备及开办费
预备费	基本预备费			
	价差预备费			
建设期利息	建设项目贷款在建设期内发生并应计入固定资产的贷款利息等财务费用			

4.2 工程费

工程费由建筑安装工程费和设备、工器具购置费组成，是通信建设单项工程总费用的重要组成部分。

4.2.1 建筑安装工程费

建筑安装工程费由直接费、间接费、利润和税金组成。如表4-2所示。

表 4-2 建筑安装工程费

<table>
<tr><th>费用名称</th><th colspan="13">费 用 内 容</th></tr>
<tr><td rowspan="8">直接费</td><td rowspan="4">直接工程费</td><td colspan="12">人工费(技工、普工)</td></tr>
<tr><td colspan="12">材料费</td></tr>
<tr><td colspan="12">机械使用费</td></tr>
<tr><td colspan="12">仪表使用费</td></tr>
<tr><td rowspan="4">措施费</td><td colspan="3">环境保护费</td><td colspan="3">工程点交、场地清理费</td><td colspan="3">冬雨季施工增加费</td><td colspan="3">已完工程及设备保护费</td></tr>
<tr><td colspan="3">文明施工费</td><td colspan="3">临时设施费</td><td colspan="3">生产工具用具使用费</td><td colspan="3">运土费</td></tr>
<tr><td colspan="3">工地器材搬运费</td><td colspan="3">工程车辆使用费</td><td colspan="3">施工用水电蒸汽费</td><td colspan="3">施工队伍调遣费</td></tr>
<tr><td colspan="3">工程干扰费</td><td colspan="3">夜间施工增加费</td><td colspan="3">特殊地区施工增加费</td><td colspan="3">大型施工机械调遣费</td></tr>
<tr><td rowspan="8">间接费</td><td rowspan="4">规费</td><td colspan="12">工程排污费</td></tr>
<tr><td colspan="12">社会保障费</td></tr>
<tr><td colspan="12">住房公积金</td></tr>
<tr><td colspan="12">危险作业意外伤害保险</td></tr>
<tr><td rowspan="4">企业管理费</td><td colspan="4">管理人员工资</td><td colspan="4">工具用具使用费</td><td colspan="4">财产保险费</td></tr>
<tr><td colspan="4">办公费</td><td colspan="4">劳动保险费</td><td colspan="4">财务费</td></tr>
<tr><td colspan="4">差旅交通费</td><td colspan="4">工会经费</td><td colspan="4">税金</td></tr>
<tr><td colspan="4">固定资产使用费</td><td colspan="4">职工教育经费</td><td colspan="4">其他</td></tr>
<tr><td>利润</td><td colspan="13">施工企业完成所承包工程获得的盈利</td></tr>
<tr><td>税金</td><td colspan="13">按国家税法规定应计入建筑安装工程造价内的营业税、城市维护建设税及教育费附加</td></tr>
</table>

4.2.1.1 直接费

直接费由直接工程费和措施费构成。具体内容及计算规则如下。

(1) 直接工程费　直接费指施工过程中耗用的构成工程实体和有助于工程实体形成的各项费用，包括人工费、材料费、机械使用费和仪表使用费。

1) 人工费。是指直接从事建筑安装工程施工的生产人员开支的各项费用。内容包括基本工资、工资性补贴、辅助工资、职工福利费和劳动保护费。

① 基本工资：指发放给生产人员的岗位工资和技能工资。

② 工资性补贴：指规定标准的物价补贴，煤、燃气补贴，交通费补贴，住房补贴，流动施工津贴等。

③ 辅助工资：指生产人员年平均有效施工天数以外非作业天数的工资。包括职工学习、培训期间的工资，调动工作、探亲、休假期间的工资，因气候影响的停工工资，女工哺乳期间的工资，病假在六个月以内的工资及产、婚、丧假期的工资。

④ 职工福利费：指按规定标准计提的职工福利费。

⑤ 劳动保护费：指规定标准的劳动保护用品的购置费及修理费，徒工服装补贴，防暑降温等保健费用。

通信建设工程不分专业和地区工资类别，综合取定人工费。人工费单价为：技工为

48元/工日；普工为19元/工日。人工费计算规则如下：

概(预)算人工费＝技工费＋普工费

概(预)算技工费＝技工单价×概(预)算技工总工日

概(预)算普工费＝普工单价×概(预)算普工总工日

2）材料费。是指施工过程中实体消耗的直接材料费用与采备材料所发生的费用总和。内容包括材料原价、材料运杂费、运输保险费、采购及保管费、采购代理服务费和辅助材料费。

① 材料原价：供应价或供货地点价。

② 材料运杂费：是指材料自来源地运至工地仓库（或指定堆放地点）所发生的费用。

③ 运输保险费：指材料（或器材）自来源地运至工地仓库（或指定堆放地点）所发生的保险费用。

④ 采购及保管费：指组织材料采购及材料保管过程中所需要的各项费用。

⑤ 采购代理服务费：指委托中介采购代理服务的费用。

⑥ 辅助材料费：指对施工生产起辅助作用的材料费用。

材料费计算规则如下：

材料费＝主要材料费＋辅助材料费

主要材料费＝材料原价＋运杂费＋运输保险费＋采购及保管费＋采购代理服务费

辅助材料费＝主要材料费×辅助材料费系数

式中各参数解释如下。

① 材料原价：供应价或供货地点价。

② 运杂费：编制概算时，除水泥及水泥制品的运输距离按500km计算，其他类型的材料运输距离按1500km计算。

运杂费＝材料原价×器材运杂费费率（费率如表4-3所示）

表4-3 器材运杂费费率 单位：%

运距 L/km	光缆	电缆	塑料及塑料制品	木材及木制品	水泥及水泥构件	其他
$L\leqslant 100$	1.0	1.5	4.3	8.4	18.0	3.6
$100<L\leqslant 200$	1.1	1.7	4.8	9.4	20.0	4.0
$200<L\leqslant 300$	1.2	1.9	5.4	10.5	23.0	4.5
$300<L\leqslant 400$	1.3	2.1	5.8	11.5	24.5	4.8
$400<L\leqslant 500$	1.4	2.4	6.5	12.5	27.0	5.4
$500<L\leqslant 750$	1.7	2.6	6.7	14.7		6.3
$750<L\leqslant 1000$	1.9	3.0	6.9	16.8		7.2
$1000<L\leqslant 1250$	2.2	3.4	7.2	18.9		8.1
$1250<L\leqslant 1500$	2.4	3.8	7.5	21.0		9.0
$1500<L\leqslant 1750$	2.6	4.0		22.4		9.6
$1750<L\leqslant 2000$	2.8	4.3		23.8		10.2
$L>2000$km，每增250km增加	0.2	0.3		1.5		0.6

③ 运输保险费：

运输保险费＝材料原价×保险费费率(费率为0.1%)

④ 采购及保管费：

采购及保管费＝材料原价×采购及保管费费率(费率如表 4-4 所示)

表 4-4 材料采购及保管费费率

工程名称	计算基础	费率/%
通信设备安装工程	材料原价	1.0
通信线路工程	材料原价	1.0
通信管道工程	材料原价	2.8

⑤ 采购代理服务费按实计列。

⑥ 辅助材料费：

辅助材料费＝主要材料费×辅助材料费费率(费率如表 4-5 所示)

表 4-5 辅助材料费费率

工程名称	计算基础	费率/%
通信设备安装工程	主要材料	3.0
电源设备安装工程	主要材料	5.0
通信线路工程	主要材料	0.3
通信管道工程	主要材料	0.5

⑦ 凡由建设单位提供的废旧材料，其材料费不计入工程成本。

3）机械使用费。是指施工机械作业所发生的机械使用费以及机械安拆费。内容包括折旧费、大修理费、经常修理费、安拆费、人工费、燃料动力费、养路费及车船使用税。

① 折旧费：指施工机械在规定的使用年限内，陆续收回其原值及购置资金的时间价值。

② 大修理费：指施工机械按规定的大修理间隔台班进行必要的大修理，以恢复其正常功能所需的费用。

③ 经常修理费：指施工机械除大修理以外的各级保养和临时故障排除所需的费用。包括为保障机械正常运转所需替换设备与随机配备工具和附具的摊销、维护费用，机械运转中日常保养所需润滑与擦拭的材料费用及机械停滞期间的维护和保养费用等。

④ 安拆费：安拆费指施工机械在现场进行安装与拆卸所需的人工、材料、机械和试运转费用以及机械辅助设施的折旧、搭设、拆除等费用。

⑤ 人工费：指机上操作人员和其他操作人员的工作日人工费及上述人员在施工机械规定的年工作台班以外的人工费。

⑥ 燃料动力费：指施工机械在运转作业中所消耗的固体燃料（煤、木柴）、液体燃料（汽油、柴油）及水、电等。

⑦ 养路费及车船使用税：指施工机械按照国家规定和有关部门规定应缴纳的养路费、车船使用税、保险费及年检费等。

机械使用费计算规则如下：

机械使用费＝机械台班单价×概(预)算机械台班量

其中：概(预)算机械台班量＝定额台班量×工程量

4）仪表使用费。是指施工作业所发生的属于固定资产的仪表使用费。内容包括折旧费、经常修理费、年检费和人工费。

① 折旧费：是指施工仪表在规定的年限内，陆续收回其原值及购置资金的时间价值。

② 经常修理费：指施工仪表的各级保养和临时故障排除所需的费用。包括为保证仪表正常使用所需备件（备品）的摊销和维护费用。

③ 年检费：指施工仪表在使用寿命期间定期标定与年检费用。

④ 人工费：指施工仪表操作人员在台班定额内的人工费。

仪表使用费计算规则如下：

仪表使用费＝仪表台班单价×概算、预算的仪表台班量

（2）措施费　措施费是指为完成工程项目施工，发生于该工程前和施工过程中非工程实体项目的费用。

1）环境保护费：指施工现场为达到环保部门要求所需要的各项费用。环境保护费计算规则如下：

环境保护费＝人工费×相关费率（费率如表 4-6 所示）

表 4-6　环境保护费费率

工　程　名　称	计算基础	费　率/%
无线通信设备安装工程	人工费	1.20
通信线路工程、通信管道工程	人工费	1.50

2）文明施工费：指施工现场文明施工所需要的各项费用。文明施工费计算规则如下：

文明施工费＝人工费×费率(费率为 1.0%)

3）工地器材搬运费：指由工地仓库（或指定地点）至施工现场转运器材而发生的费用。工地器材搬运费计算规则如下：

工地器材搬运费＝人工费×相关费率（费率如表 4-7 所示）

表 4-7　工地器材搬运费费率

工　程　名　称	计算基础	费　率/%
通信设备安装工程	人工费	1.3
通信线路工程	人工费	5.0
通信管道工程	人工费	1.6

4）工程干扰费：通信线路工程、通信管道工程由于受市政管理、交通管制、人流密集、输配电设施等影响工效的补偿费用。工程干扰费计算规则如下：

工程干扰费＝人工费×相关费率（费率如表 4-8 所示）

表 4-8　工程干扰费费率

工　程　名　称	计算基础	费　率/%
通信线路工程、通信管道工程(干扰地区)	人工费	6.0
移动通信基站设备安装工程	人工费	4.0

5）工程点交、场地清理费：指按规定编制竣工图及资料、工程点交、施工场地清理等发生的费用。工程点交、场地清理费计算规则如下：

工程点交、场地清理费＝人工费×相关费率（费率如表 4-9 所示）

表 4-9 工程点交、场地清理费费率

工程名称	计算基础	费率/%
通信设备安装工程	人工费	3.5
通信线路工程	人工费	5.0
通信管道工程	人工费	2.0

6）临时设施费：指施工企业为进行工程施工所必须设置的生活和生产用的临时建筑物、构筑物和其他临时设施费用等。临时设施费用包括：临时设施的租用或搭设、维修、拆除费或摊销费。临时设施费计算规则如下：

临时设施费＝人工费×相关费率（费率如表 4-10 所示）

表 4-10 临时设施费费率

工程名称	计算基础	费率/%	
		距离≤35km	距离＞35km
通信设备安装工程	人工费	6.0	12.0
通信线路工程	人工费	5.0	10.0
通信管道工程	人工费	12.0	15.0

7）工程车辆使用费：指工程施工中接送施工人员、生活用车等（含过路、过桥）费用。工程车辆使用费计算规则如下：

工程车辆使用费＝人工费×相关费率（费率如表 4-11 所示）

表 4-11 工程车辆使用费费率

工程名称	计算基础	费率/%
无线通信设备安装工程、通信线路工程	人工费	6.0
有线通信设备安装工程、通信电源设备安装工程、通信管道工程	人工费	2.6

8）夜间施工增加费：指因夜间施工所发生的夜间补助费、夜间施工降效、夜间施工照明设备摊销及照明用电等费用。夜间施工增加费计算规则如下：

夜间施工增加费＝人工费×相关费率（费率如表 4-12 所示）

表 4-12 夜间施工增加费费率

工程名称	计算基础	费率/%
通信设备安装工程	人工费	2.0
通信线路工程（城区部分）、通信管道工程	人工费	3.0

【注意】 此项费用不考虑施工时段均按相应费率计取。

9）冬雨季施工增加费：指在冬雨季施工时所采取的防冻、保温、防雨等安全措施及工效降低所增加的费用。冬雨季施工增加费计算规则如下：

冬雨季施工增加费＝人工费×相关费率（费率如表 4-13 所示）

表 4-13 冬雨季施工增加费费率

工程名称	计算基础	费率/%
通信设备安装工程（室外天线、馈线部分）	人工费	2.0
通信线路工程、通信管道工程	人工费	2.0

【注意】 ① 此项费用不分施工所处季节均按相应费率计取。

② 综合布线工程不计取此项费用。

10）生产工具用具使用费：指施工所需的不属于固定资产的工具用具等的购置、摊销、维修费。生产工具用具使用费计算规则如下：

生产工具用具使用费＝人工费×相关费率（费率如表 4-14 所示）

表 4-14 生产工具用具使用费费率

工 程 名 称	计 算 基 础	费 率/%
通信设备安装工程	人工费	2.0
通信线路工程、通信管道工程	人工费	3.0

11）施工用水电蒸汽费：指施工生产过程中使用水、电、蒸汽所发生的费用。通信线路、通信管道工程依照施工工艺要求，按实计列施工用水电蒸汽费。

12）特殊地区施工增加费：指在原始森林地区、海拔 2000m 以上高原地区、化工区、核污染区、沙漠地区、山区无人值守站等特殊地区施工所需增加的费用。各类通信工程按 3.20 元/工日标准，计取特殊地区施工增加费。计算规则如下：

特殊地区施工增加费＝概(预)算总共日×3.20 元/工日

13）已完工程及设备保护费：指竣工验收前，对已完工程及设备进行保护所需的费用。承包人依据工程发包的内容范围报价，经业主确认计取已完工程及设备保护费。

14）运土费：指直埋光（电）缆、管道工程施工，需从远离施工地点取土及必须向外倒运出土方所发生的费用。通信线路（城区部分）、通信管道工程根据市政管理要求，按实计取运土费，计算依据参照地方标准。

15）施工队伍调遣费：指因建设工程的需要，应支付施工队伍的调遣费用。内容包括：调遣人员的差旅费、调遣期间的工资、施工工具与用具等的费用。施工现场与企业的距离在 35km 以内时，不计取此项费用。施工队伍调遣费按调遣费定额计算。计算规则如下：

施工队伍调遣费＝单程调遣费定额×调遣人数×2

施工队伍单程调遣费定额如表 4-15 所示。

表 4-15 施工队伍单程调遣费定额

调遣里程 L/km	调遣费/元	调遣里程 L/km	调遣费/元
$35<L\leqslant 200$	106	$2400<L\leqslant 2600$	724
$200<L\leqslant 400$	151	$2600<L\leqslant 2800$	757
$400<L\leqslant 600$	227	$2800<L\leqslant 3000$	784
$600<L\leqslant 800$	275	$3000<L\leqslant 3200$	868
$800<L\leqslant 1000$	376	$3200<L\leqslant 3400$	903
$1000<L\leqslant 1200$	416	$3400<L\leqslant 3600$	928
$1200<L\leqslant 1400$	455	$3600<L\leqslant 3800$	964
$1400<L\leqslant 1600$	496	$3800<L\leqslant 4000$	1042
$1600<L\leqslant 1800$	534	$4000<L\leqslant 4200$	1071
$1800<L\leqslant 2000$	568	$4200<L\leqslant 4400$	1095
$2000<L\leqslant 2200$	601	$L>4400$km 时，每增加 200km 增加	73
$2200<L\leqslant 2400$	688		

施工队伍调遣人数定额如表 4-16 所示。

表 4-16 施工队伍调遣人数定额

<table>
<tr><th colspan="2">通信设备安装工程</th><th colspan="4">通信线路、通信管道工程</th></tr>
<tr><th>概(预)算技工总工日</th><th>调遣人数/人</th><th>概(预)算技工总工日</th><th>调遣人数/人</th><th>概(预)算技工总工日</th><th>调遣人数/人</th></tr>
<tr><td>500 工日以下</td><td>5</td><td>500 工日以下</td><td>5</td><td>8000 工日以下</td><td>50</td></tr>
<tr><td>1000 工日以下</td><td>10</td><td>1000 工日以下</td><td>10</td><td>9000 工日以下</td><td>55</td></tr>
<tr><td>2000 工日以下</td><td>17</td><td>2000 工日以下</td><td>17</td><td>10000 工日以下</td><td>60</td></tr>
<tr><td>3000 工日以下</td><td>24</td><td>3000 工日以下</td><td>24</td><td>15000 工日以下</td><td>80</td></tr>
<tr><td>4000 工日以下</td><td>30</td><td>4000 工日以下</td><td>30</td><td>20000 工日以下</td><td>95</td></tr>
<tr><td>5000 工日以下</td><td>35</td><td>5000 工日以下</td><td>35</td><td>25000 工日以下</td><td>105</td></tr>
<tr><td rowspan="2">5000 工日以上，每增加 1000 工日增加调遣人数</td><td rowspan="2">3</td><td>6000 工日以下</td><td>40</td><td>30000 工日以下</td><td>120</td></tr>
<tr><td>7000 工日以下</td><td>45</td><td>30000 工日以上，每增加 5000 工日增加调遣人数</td><td>3</td></tr>
</table>

16）大型施工机械调遣费：指大型施工机械调遣所发生的运输费用。大型施工机械调遣费计算规则如下：

大型施工机械调遣费＝2×[单程运价×调遣运距×总吨位(吨位如表 4-17 所示)]

其中：大型施工机械调遣费单程运价为：0.62 元/t×单程千米

表 4-17 大型施工机械调遣吨位

机械名称	吨位	机械名称	吨位
光缆接续车	4	水下光(电)缆沟挖冲机	6
光(电)缆拖车	5	液压顶管机	5
微管微缆气吹设备	6	微控钻孔敷管设备	25t 以下
气流敷设吹缆设备	8	微控钻孔敷管设备	25t 以上

4.2.1.2 间接费

间接费由规费和企业管理费构成。

（1）规费 规费是指政府和有关部门规定必须缴纳的费用（简称规费）。包括工程排污费、社会保障费、住房公积金、危险作业意外伤害保险。

1）工程排污费：指施工现场按规定缴纳的工程排污费。根据施工所在地政府部门相关规定计算。

2）社会保障费：包含养老保险费、失业保险费和医疗保险费三项内容。

① 养老保险费：指企业按规定标准为职工缴纳的基本养老保险费。

② 失业保险费：指企业按照国家规定标准为职工缴纳的失业保险费。

③ 医疗保险费：指企业按照规定标准为职工缴纳的基本医疗保险费。

社会保障费计算规则如下：

社会保障费＝人工费×费率（费率为 26.81%）

3）住房公积金：指企业按照规定标准为职工缴纳的住房公积金。计算规则如下：

住房公积金＝人工费×费率（费率为4.19%）

4）危险作业意外伤害保险：指企业为从事危险作业的建筑安装施工人员支付的意外伤害保险费。计算规则如下：

危险作业意外伤害保险费＝人工费×费率（费率为1.0%）

（2）企业管理费　企业管理费是指施工企业组织施工生产和经营管理所需费用。内容如下。

1）管理人员工资：指管理人员的基本工资、工资性补贴、职工福利费、劳动保护费等。

2）办公费：指企业管理办公用的文具、纸张、账表、印刷、邮电、书报、会议、水电、烧水和集体取暖（包括现场临时宿舍取暖）用煤等费用。

3）差旅交通费：指职工因公出差、调动工作的差旅费、住勤补助费，市内交通费和误餐补助费，职工探亲路费，劳动力招募费，职工离退休、退职一次性路费，工伤人员就医路费，工地转移费以及管理部门使用的交通工具的油料、燃料、养路费及牌照费。

4）固定资产使用费：指管理和试验部门及附属生产单位使用的属于固定资产的房屋、设备仪器等的折旧、大修、维修或租赁费。

5）工具用具使用费：指管理使用的不属于固定资产的生产工具、器具、家具、交通工具和检验、测绘、消防用具等的购置、维修和摊销费。

6）劳动保险费：指由企业支付离退休职工的异地安家补助费、职工退职金、六个月以上的病假人员工资、职工死亡丧葬补助费、抚恤金、按规定支付给离退休干部的各项经费。

7）工会经费：指企业按职工工资总额计提的工会经费。

8）职工教育经费：指企业为职工学习先进技术和提高文化水平，按职工工资总额计提的费用。

9）财产保险费：指施工管理用财产、车辆保险费用。

10）财务费：指企业为筹集资金而发生的各种费用。

11）税金：指企业按规定缴纳的房产税、车船使用税、土地使用税、印花税等。

12）其他：包括技术转让费、技术开发费、业务招待费、绿化费、广告费、公证费、法律顾问费、审计费、咨询费等。

企业管理费计算规则如下：

企业管理费＝人工费×相关费率（费率如表4-18所示）

表4-18　企业管理费费率

工程名称	计算基础	费　率/%
通信线路工程、通信设备安装工程	人工费	30.0
通信管道工程	人工费	25.0

4.2.1.3　利润

利润是指施工企业完成所承包工程获得的盈利。计算规则如下：

利润＝人工费×相关费率（费率如表4-19所示）

表 4-19 利润费率

工程名称	计算基础	费 率/%
通信线路工程、通信设备安装工程	人工费	30.0
通信管道工程	人工费	25.0

4.2.1.4 税金

税金是指按国家税法规定应计入建筑安装工程造价内的营业税、城市维护建设税及教育费附加。计算规则如下：

税金=(直接费+间接费+利润)×税率（税率如表 4-20 所示）

表 4-20 税率

工程名称	计算基础	税 率/%
各类通信工程	直接费+间接费+利润	3.41

【注意】 通信线路工程计取税金时将光缆、电缆的预算价从直接工程费中核减。

4.2.2 设备、工器具购置费

设备、工器具购置费是指根据设计提出的设备（包括必需的备品备件）、仪表、工器具清单，按设备原价、运杂费、采购及保管费、运输保险费和采购代理服务费计算的费用。计算规则如下：

设备、工器具购置费=设备原价+运杂费+运输保险费+采购及保管费+采购代理服务费

式中各参数说明如下。

(1) 设备原价：供应价或供货地点价。

(2) 运杂费=设备原价×设备运杂费费率（费率如表 4-21 所示）。

表 4-21 设备运杂费费率

运输里程 L/km	取费基础	费率/%	运输里程 L/km	取费基础	费率/%
$L\leqslant100$	设备原价	0.8	$750<L\leqslant1000$	设备原价	1.7
$100<L\leqslant200$	设备原价	0.9	$1000<L\leqslant1250$	设备原价	2.0
$200<L\leqslant300$	设备原价	1.0	$1250<L\leqslant1500$	设备原价	2.2
$300<L\leqslant400$	设备原价	1.1	$1500<L\leqslant1750$	设备原价	2.4
$400<L\leqslant500$	设备原价	1.2	$1750<L\leqslant2000$	设备原价	2.6
$500<L\leqslant750$	设备原价	1.5	$L>2000$km 时，每增加 250km 增加	设备原价	0.1

(3) 运输保险费=设备原价×保险费费率（费率为 0.4%）

(4) 采购及保管费=设备原价×采购及保管费费率（费率如表 4-22 所示）

表 4-22 采购及保管费费率

项目名称	计算基础	费 率/%
需要安装的设备	设备原价	0.82
不需要安装的设备(仪表、工器具)	设备原价	0.41

(5) 采购代理服务费按实计列。

(6) 引进设备(材料)的国外运输费、国外运输保险费、关税、增值税、外贸手续费、银行财务费、国内运杂费、国内运输保险费、引进设备(材料)国内检验费、海关监管手续费等按引进货价计算后进入相应的设备材料费中。单独引进软件不计关税只计增值税。

4.3 工程建设其他费

4.3.1 概述

工程建设其他费是指应在建设项目的建设投资中开支的固定资产其他费用、无形资产费用和其他资产费用。

4.3.1.1 建设用地及综合赔补费

建设用地及综合赔补费是指按照《中华人民共和国土地管理法》等规定,建设项目征用土地或租用土地应支付的费用。费用内容如下。

(1) 土地征用及迁移补偿费。经营性建设项目通过出让方式购置的土地使用权(或建设项目通过划拨方式取得无限期的土地使用权)而支付的土地补偿费、安置补偿费、地上附着物和青苗补偿费、余物迁建补偿费、土地登记管理费等;行政事业单位的建设项目通过出让方式取得土地使用权而支付的出让金;建设单位在建设过程中发生的土地复垦费用和土地损失补偿费用;建设期间临时占地补偿费。

(2) 征用耕地按规定一次性缴纳的耕地占用税;征用城镇土地在建设期间按规定每年缴纳的城镇土地使用税;征用城市郊区菜地按规定缴纳的新菜地开发建设基金。

(3) 建设单位租用建设项目土地使用权而支付的租地费用。

(4) 建设单位因建设项目期间租用建筑设施、场地费用;以及因项目施工造成所在地企事业单位或居民的生产、生活干扰而支付的补偿费用。

建设用地及综合赔补费的计算规则如下。

(1) 根据应征建设用地面积、临时用地面积,按建设项目所在省、市、自治区人民政府制定颁发的土地征用补偿费、安置补助费标准和耕地占用税、城镇土地使用税标准计算。

(2) 建设用地上的建(构)筑物如需迁建,其迁建补偿费应按迁建补偿协议计列或按新建同类工程造价计算。

4.3.1.2 建设单位管理费

建设单位管理费是指建设单位发生的管理性质的开支。包括差旅交通费、工具用具使用费、固定资产使用费、必要的办公及生活用品购置费、必要的通信设备及交通工具购置费、零星固定资产购置费、招募生产工人费、技术图书资料费、业务招待费、设计审查费、合同契约公证费、法律顾问费、咨询费、完工清理费、竣工验收费、印花税和其他管理性质开支。如果成立筹建机构,建设单位管理费还应包括筹建人员工资类开支。建设单位管理费的计算参照财政部财建[2002]394号《基建财务管理规定》执行,费率如表4-23所示。

表 4-23 建设单位管理费总额控制数费率

工程总概算/万元	费率/%	算例	
		工程总概算/万元	建设单位管理费/万元
1000 以下	1.5	1000	1000×1.5%=15
1001～5000	1.2	5000	15+(5000-1000)×1.2%=63
5001～10000	1.0	10000	63+(10000-5000)×1.0%=113
10001～50000	0.8	50000	113+(50000-10000)×0.8%=433
50001～100000	0.5	100000	433+(100000-50000)×0.5%=683
100001～200000	0.2	200000	683+(200000-100000)×0.2%=883
200000 以上	0.1	280000	883+(280000-200000)×0.1%=963

如建设项目采用工程总承包方式，其总包管理费由建设单位与总包单位根据总包工作范围在合同中商定、从建设单位管理费中列支。

4.3.1.3 可行性研究费

可行性研究费是指在建设项目前期工作中，编制和评估项目建议书（或预可行性研究报告）、可行性研究报告所需的费用。计算规则参照《国家计委关于印发〈建设项目前期工作咨询收费暂行规定〉的通知》（计投资［1999］1283 号）的规定。规定中的相关条文如下。

第九条 工程咨询收费根据不同工程咨询项目的性质、内容，可分别采取以下方法之一计取费用。

(1) 按建设项目估算投资额，分档计算工程咨询费用。收费标准如表 4-24 所示。

表 4-24 按建设项目估算投资额分档收费标准 单位：万元

工作项目	3000 万元～1 亿元	1 亿～5 亿元	5 亿～10 亿元	10 亿～50 亿元	50 亿元以上
一、编制项目建议书	6～14	14～37	37～55	55～100	100～125
二、编制可行性研究报告	12～28	28～75	75～110	110～200	200～250
三、评估项目建议书	4～8	8～12	12～15	15～17	17～20
四、评估可行性研究报告	5～10	10～15	15～20	20～25	25～35

注：1. 建设项目估算投资额是指项目建议书或者可行性研究报告的估算投资额。

2. 建设项目的具体收费标准，根据估算投资额在相对应的区间内用插入法计算。

3. 根据行业特点和各行业内部不同类别工程的复杂程度，计算咨询费用时可分别乘以行业调整系数和工程复杂程度调整系数。调整系数如表 4-25 所示。

表 4-25 按建设项目估算投资额分档收费的调整系数

行业名称	计算基础	调整系数
石化、化工、钢铁	按建设项目估算投资额分档收费标准	1.3
石油、天然气、水利、水电、交通(水运)、化纤		1.2
有色、黄金、纺织、轻工、邮电、广播电视、医药、煤炭、火电(含核电)、机械(含船舶、航空、航天、兵器)		1.0
林业、商业、粮食、建筑		0.8
建材、交通(公路)、铁道、市政公用工程		0.7
工程复杂程度调整系数		0.8～1.2

（2）按工程咨询工作所耗工日计算工程咨询费用。费用标准如表 4-26 所示。

表 4-26 工程咨询人员工日费用标准 单位：元

咨询人员职级	工日费用标准
高级专家	1000～1200
高级专业技术职称的咨询人员	800～1000
中级专业技术职称的咨询人员	600～800

按照前款两种方法不便于计费的，可以参照本规定的工日费用标准由工程咨询机构与委托方议定。但参照工日计算的收费额，不得超过按估算投资额分档计费方式计算的收费额。

第十条 采取按建设项目估算投资额分档计费的，以建设项目的项目建议书或者可行性研究报告的估算投资为计费依据。使用工程咨询机构推荐方案计算的投资与原估算投资发生增减变化时，咨询收费不再调整。

第二十一条 建设项目投资额在 3000 万元以下的和除编制、评估项目建议书或者可行性研究报告以外的其他建设项目前期工作咨询服务的收费标准，由各省、自治区、直辖市价格主管部门会同同级计划部门制定。

4.3.1.4 研究试验费

研究试验费是指为本建设项目提供或验证设计数据、资料等进行必要的研究试验及按照设计规定在建设过程中必须进行试验、验证所需的费用。计算规则如下。

（1）根据建设项目研究试验内容和要求进行编制。

（2）研究试验费不包括以下项目：

① 应由科技三项费用（即新产品试制费、中间试验费和重要科学研究补助费）开支的项目；

② 应在建筑安装费用中列支的施工企业对材料、构件进行一般鉴定、检查所发生的费用及技术革新的研究试验费；

③ 应由勘察设计费或工程费中开支的项目。

4.3.1.5 勘察设计费

勘察设计费是指委托勘察设计单位进行工程水文地质勘察、工程设计所发生的各项费用。包括工程勘察费、初步设计费、施工图设计费。计算规则参照原国家计委、原建设部《关于发布〈工程勘察设计收费管理规定〉的通知》（计价格［2002］10 号）规定，具体算法详见本书 4.3.2 和 4.3.3 节。

4.3.1.6 环境影响评价费

环境影响评价费是指按照《中华人民共和国环境保护法》、《中华人民共和国环境影响评价法》等规定，为全面、详细评价本建设项目对环境可能产生的污染或造成的重大影响所需的费用，包括编制环境影响报告书（含大纲）、环境影响报告表和评估环境影响报告书（含大纲）、评估环境影响报告表等所需的费用。计算规则参照原国家计委、原国家环境保护总局《关于规范环境影响咨询收费有关问题的通知》（计价格［2002］125 号）规定。规定中的相关条文如下。

（1）建设项目环境影响咨询收费实行政府指导价，从事环境影响咨询业务的机构应根据本通知规定收取费用。具体收费标准由环境影响评价和技术评估机构与委托方以建设项目环境影响咨询收费标准中规定的基准价为基础，在上下20%的幅度内协商确定。建设项目环境影响咨询收费标准如表4-27所示。

表4-27 建设项目环境影响咨询收费标准 单位：万元

估算投资额/亿元	0.3以下	0.3～2	2～10	10～50	50～100	100以上
编制环境影响报告书(含大纲)	5～6	6～15	15～35	35～75	75～110	110以上
编制环境影响报告表	1～2	2～4	4～7	7以上		
评估环境影响报告书(含大纲)	0.8～1.5	1.5～3	3～7	7～9	9～13	13以上
评估环境影响报告表	0.5～0.8	0.8～1.5	1.5～2	2以上		

注：1. 表中数字下限为不含，上限为包含。

2. 估算投资额为项目建议书或可行性研究报告中的估算投资额。

3. 咨询服务项目收费标准根据估算投资额在对应区间内用插入法计算。

4. 以本收费标准为基础，按建设项目行业特点和所在地区的环境敏感程度，乘以调整系数，确定咨询服务收费基准价。调整系数如表4-28和表4-29所示。

5. 评估环境影响报告书（含大纲）的费用不含专家参加审查会议的差旅费，环境影响评价大纲的技术评估费用占环境影响报告书评估费用的40%。

6. 本表所列编制环境影响报告表收费标准为不设评价专题的基准价，每增加1个专题加收50%。

7. 本表中费用不包括遥感、遥测、风洞试验、污染气象观测、示踪试验、地探、物探、卫星图片解读、需要动用船、飞机等特殊监测等的费用。

表4-28 环境影响评价大纲、报告书编制收费行业调整系数

行业	调整系数	行业	调整系数
化工、冶金、有色、黄金、煤炭、矿产、纺织、化纤、轻工、医药	1.2	邮电、广播电视、航空、机械、船舶、航天、电子、勘探、社会服务、火电	0.8
石化、石油天然气、水利、水电、旅游	1.1		
林业、畜牧、渔业、农业、交通、铁道、民航、管线运输、建材、市政、烟草、兵器	1.0	粮食、建筑、信息产业、仓储	0.6

表4-29 环境影响评价大纲、报告书编制收费环境敏感程度调整系数

环境敏感程度	调整系数
敏感	1.2
一般	0.8

（2）环境影响咨询收费以估算投资额为计费基数，根据建设项目不同的性质和内容，采取按估算投资额分档定额方式计费。不便于采取按估算投资额分档定额计费方式的，也可以采取按咨询服务工日计费。具体计费办法如表4-30所示。

表4-30 按咨询服务人员工日计算建设项目环境影响咨询收费标准 单位：元

咨询人员职级	人工日收费标准
高级咨询专家	1000～1200
高级专业技术人员	800～1000
一般专业技术人员	600～800

4.3.1.7 劳动安全卫生评价费

劳动安全卫生评价费是指按照劳动部10号令（1998年2月5日）《建设项目（工程）劳动安全卫生预评价管理办法》的规定，为预测和分析建设项目存在的职业危险、危害因素的种类和危险危害程度，并提出先进、科学、合理可行的劳动安全卫生技术和管理对策所需的费用。包括编制建设项目劳动安全卫生预评价大纲和劳动安全卫生预评价报告书以及为编制上述文件所进行的工程分析和环境现状调查等所需费用。计算规则参照建设项目所在省（自治区、市）劳动行政部门规定的标准。

4.3.1.8 建设工程监理费

建设工程监理费是指建设单位委托工程监理单位实施工程监理的费用。计算规则参照国家发改委、原建设部［2007］670号文，关于《建设工程监理与相关服务收费管理规定》的通知进行计算。具体算法详见本书4.3.4节。

4.3.1.9 安全生产费

安全生产费是指施工企业按照国家有关规定和建筑施工安全标准，购置施工防护用具、落实安全施工措施以及改善安全生产条件所需要的各项费用。计算规则参照财政部、国家安全生产监督管理总局财企［2006］478号文，《高危行业企业安全生产费用财务管理暂行办法》的通知：安全生产费按建筑安装工程费的1.0%计取。

4.3.1.10 工程质量监督费

工程质量监督费是指工程质量监督机构对通信工程进行质量监督所发生的费用。此项计费已取消。

4.3.1.11 工程定额编制测定费

工程定额编制测定费是指建设单位发包工程按规定上缴工程造价（定额）管理部门的费用。此项计费已取消。

4.3.1.12 引进技术及进口设备其他费

（1）引进项目图纸资料翻译复制费、备品备件测绘费。

（2）出国人员费用：包括买方人员出国设计联络、出国考察、联合设计、监造、培训等所发生的差旅费、生活费、制装费等。

（3）来华人员费用：包括卖方来华工程技术人员的现场办公费用、往返现场交通费用、工资、食宿费用、接待费用等。

（4）银行担保及承诺费：指引进项目由国内外金融机构出面承担风险和责任担保所发生的费用，以及支付贷款机构的承诺费用。

引进技术及进口设备其他费计算规则如下。

（1）引进项目图纸资料翻译复制费：根据引进项目的具体情况计列或按引进设备到岸价的比例估计。

（2）出国人员费用：依据合同规定的出国人次、期限和费用标准计算。生活费及制装费按照财政部、外交部规定的现行标准计算，旅费按中国民航公布的国际航线票价计算。

（3）来华人员费用：应依据引进合同有关条款规定计算。引进合同价款中已包括的费用内容不得重复计算。来华人员接待费用可按每人次费用指标计算。

（4）银行担保及承诺费：应按担保或承诺协议计取。

4.3.1.13 工程保险费

工程保险费是指建设项目在建设期间根据需要对建筑工程、安装工程及机器设备进行投保而发生的保险费用。包括建筑安装工程一切险、引进设备财产和人身意外伤害险等。计算规则如下。

(1) 不投保的工程不计取此项费用。

(2) 不同的建设项目可根据工程特点选择投保险种，根据投保合同计列保险费用。

4.3.1.14 工程招标代理费

工程招标代理费是指招标人委托代理机构编制招标文件、编制标底、审查投标人资格、组织投标人踏勘现场并答疑，组织开标、评标、定标，以及提供招标前期咨询、协调合同的签订等业务所收取的费用。计算规则参照国家计委《招标代理服务费管理暂行办法》计价格［2002］1980号规定。规定中的相关条文如下。

第三条　本办法所称招标代理服务收费，是指招标代理机构接受招标人委托，从事编制招标文件（包括编制资格预审文件和标底），审查投标人资格，组织投标人踏勘现场并答疑，组织开标、评标、定标，以及提供招标前期咨询、协调合同的签订等业务所收取的费用。

第八条　招标代理服务收费实行政府指导价。

第九条　招标代理服务收费采用差额定率累进计费方式。收费标准按本办法规定标准执行，上下浮动幅度不超过20%。招标代理服务收费标准（费率）如表4-31所示。

表4-31　招标代理服务收费标准（费率）

中标金额/万元	服务类型		
	货物招标	服务招标	工程招标
100以下	1.5%	1.5%	1.0%
100～500	1.1%	0.8%	0.7%
500～1000	0.8%	0.45%	0.55%
1000～5000	0.5%	0.25%	0.35%
5000～10000	0.25%	0.1%	0.2%
10000～100000	0.05%	0.05%	0.05%
1000000以上	0.01%	0.01%	0.01%

注：1. 按本表费率计算的收费为招标代理服务全过程的收费基准价格，单独提供编制招标文件（有标底的含标底）服务的，可按规定标准的30%计收。

2. 招标代理服务收费按差额定率累进法计算。例如，某工程招标代理业务中标金额为6000万元，计算招标代理服务费如下。

100万元×1.0%=1万元

(500－100)万元×0.7%=2.8万元

(1000－500)万元×0.55%=2.75万元

(5000－1000)万元×0.35%=14万元

(6000－5000)万元×0.2%=2万元

合计收费=1+2.8+2.75+14+2=22.55（万元）

具体收费额由招标代理机构和招标委托人在规定的收费标准和浮动幅度内协商确定。

出售招标文件可以收取编制成本费，具体定价办法由省、自治区、直辖市价格主管部门按照不以营利为目的的原则制定。

第十条 招标代理服务费用应由招标人支付，招标人、招标代理机构与投标人另有约定的，从其约定。

4.3.1.15 专利及专用技术使用费

（1）国外设计及技术资料费、引进有效专利、专有技术使用费和技术保密费。

（2）国内有效专利、专有技术使用费用。

（3）商标使用费、特许经营权费等。

专利及专用技术使用费计算规则如下。

（1）按专利使用许可协议和专有技术使用合同的规定计列。

（2）专有技术的界定应以省、部级鉴定机构的批准为依据。

（3）项目投资中只计取需要在建设期支付的专利及专有技术使用费。协议或合同规定在生产期支付的使用费应在成本中核算。

4.3.1.16 生产准备及开办费

生产准备及开办费是指建设项目为保证正常生产（或营业、使用）而发生的人员培训费、提前进场费以及投产使用初期必备的生产生活用具、工器具等购置费用。费用内容如下。

（1）人员培训费及提前进厂费：自行组织培训或委托其他单位培训的人员工资、工资性补贴、职工福利费、差旅交通费、劳动保护费、学习资料费等。

（2）为保证初期正常生产、生活（或营业、使用）所必需的生产办公、生活家具用具购置费。

（3）为保证初期正常生产（或营业、使用）必需的第一套不够固定资产标准的生产工具、器具、用具购置费（不包括备品备件费）。

生产准备及开办费计算时，新建项目按设计定员为基数计算，改扩建项目按新增设计定员为基数计算：

$$生产准备费=设计定员\times生产准备费指标（元/人）$$

其中，生产准备费指标由投资企业自行测算。

4.3.2 通信工程勘察费

在2002年前，通信工程建设其他费中的勘察设计收费是由勘察设计工日乘以勘察设计工日单价来确定的，并且勘察费和设计费没有分开。但在2002年3月以后，（原）国家计委根据《中华人民共和国价格法》以及有关法律、法规，制定了《工程勘察收费标准》和《工程设计收费标准》，将勘察费和设计费分开，计算方法采用固定收费基价的内插法计算。

4.3.2.1 通信管道及光（电）缆线路工程勘察费收费基价

通信管道及光缆线路工程勘察收费基价如表4-32所示。

4.3.2.2 微波、卫星及移动通信设备安装工程勘察收费基价

微波、卫星及移动通信设备安装工程勘察收费基价如表4-33所示。

表 4-32 通信管道及光缆线路工程勘察收费基价

项目	长度L/km	收费基价/元	内插值	长度L/km	收费基价/元	内插值
通信管道	$L\leqslant0.2$	1000	起价	$5.0<L\leqslant10.0$	12760	1467
	$0.2<L\leqslant1.0$	1000	3200	$10.0<L\leqslant50.0$	20095	1200
	$1.0<L\leqslant3.0$	3560	2733	$L>50.0$	68095	933
	$3.0<L\leqslant5.0$	9026	1867			
埋式光(电)缆线路、长途架空光(电)缆线路	$L\leqslant1.0$	2500	起价	$200.0<L\leqslant1000.0$	206860	900
	$1.0<L\leqslant50.0$	2500	1140	$L>1000.0$	926860	830
	$50.0<L\leqslant200.0$	58360	990			
管道光(电)缆线路、市内架空光(电)缆线路	$L\leqslant1.0$	2000	起价	$10.0<L\leqslant50.0$	15770	1130
	$1.0<L\leqslant10.0$	2000	1530	$L>50.0$	60970	100
水底光(电)缆线路	$L\leqslant1.0$	3130	起价	$5.0<L\leqslant20.0$	13010	2000
	$1.0<L\leqslant5.0$	3130	2470	$L>20.0$	43010	1800
海底光(电)缆线路	$L\leqslant5.0$	8500	起价	$50.0<L\leqslant100.0$	72100	1300
	$5.0<L\leqslant20.0$	8500	1500	$L>100.0$	137100	1170
	$20.0<L\leqslant50.0$	31000	1370			

注：1. 本表按照内插法计算收费。
2. 通信工程勘察的坑深均按照地面以下 3m 以内计，超过 3m 的收费另议。
3. 通信管道穿越桥、河及铁路的，穿越部分附加调整系数为 1.2。
4. 长途架空光（电）缆线路工程利用原有杆路架设光（电）缆的，附加调整系数为 0.8。

表 4-33 微波、卫星及移动通信设备安装工程勘察收费基价

项目	类别	收费基价/元
微波站	容量 16×2Mbit/s 以下	4250
	其他容量	6500
卫星通信(微波设备安装)站	Ⅰ,Ⅱ类站	30000
	Ⅲ,Ⅳ类站	12000
	单收站	4000
	VSAT 中心站	12000
移动通信基站	全向、三扇区、六扇区	4250

注：1. 寻呼基站工程勘察费按照移动通信基站计算收费。
2. 微蜂窝基站工程勘察费按照移动通信基站的 80%计算收费。

4.3.2.3 勘察费计算

(1) 管道及线路工程勘察费按下式计算

收费额＝基价＋内插值×相应差值

说明如下。

① 基价可根据已知工程量查表得到。例如勘察 16km 的通信管道，16km 在 $10.0\text{km}<L\leqslant50.0\text{km}$ 范围内，应以 10.0km 为起点，基价为 20095 元。

② 内插值通过查找表中与已知工程量相对应的内插值得到。如 16km 通信管道的内

插值为 1200 元。

③ 相应差值为已知工程量减去基价所对应的工程量。如 16km 通信管道的相应差值为 16－10＝6km。

因此，16km 通信管道勘察收费额＝20095＋1200×(16－10)＝27295 元。

④ 内插值中的起价：小于起价栏所对应的工程量的勘察收费均为起价栏内所对应的收费基价。例如勘察 0.18km 的通信管道，由于 0.18km 在 $L\leqslant 0.2$km 的范围内，内插值为起价，所以 0.18km 通信管道勘察收费为 $L\leqslant 0.2$km 所对应的勘察收费，即为 1000 元。

(2) 设计文件中勘察费的计算　根据工程类别和设计阶段的不同，设计文件中勘察费的计算方法也不同。

① 线路及管道工程

一阶段设计：勘察费＝(基价＋内插值×相应差值)×80％；

二阶段设计：初步设计的勘察费＝(基价＋内插值×相应差值)×40％；

施工图设计的勘察费＝(基价＋内插值×相应差值)×60％。

② 微波、卫星及移动通信设备安装工程

一阶段设计：勘察费＝基价×80％；

二阶段设计：初步设计勘察费＝基价×60％；

施工图设计勘察费＝基价×40％，且勘察费总和需计列在初步设计概算内。

4.3.3 通信工程设计费

与通信工程勘察费相同，通信工程设计费也采用内插法计算。

4.3.3.1 通信工程设计收费基价

通信工程设计收费基价如表 4-34 所示。

表 4-34 通信工程设计收费基价

计费额/万元	收费基价/万元	内插值	计费额/万元	收费基价/万元	内插值
200	9.0	起价	60000	1515.2	0.0231
500	20.9	0.0397	80000	1960.1	0.0222
1000	38.8	0.0358	100000	2393.4	0.0217
3000	103.8	0.0325	200000	4450.8	0.0206
5000	163.9	0.0301	400000	8276.7	0.0191
8000	249.6	0.0286	600000	11897.5	0.0180
10000	304.8	0.0276	800000	15391.4	0.0169
20000	566.8	0.0262	1000000	18793.8	0.0152
40000	1054.0	0.0244	2000000	34948.9	0.0141

注：计费额大于 2000000 万元的，以计费额乘以 1.6％计算收费基价。

4.3.3.2 计算方法

(1) 计费额

① 一般工程计费额＝建筑安装工程费＋设备工器具购置费＋联合试运转费。

② 利旧设备工程的计费额：以签订工程设计合同时，同类设备的当期价格作为工程

设计收费的计费额。

③ 引进设备工程的计费额：按照购进设备的离岸价（不含关税和增值税），折换成人民币作为工程设计收费的计费额。

（2）按设计阶段计算设计费

① 一阶段设计

计费额低于 200 万元的设计：设计费＝计费额×0.045

计费额大于 200 万元的设计：设计费＝(基价＋内插值×相应差值)×100%

② 二阶段设计

设计费总和需计列在初步设计概算内：设计费＝(基价＋内插值×相应差值)×100%

其中：初步设计阶段的设计费＝(基价＋内插值×相应差值)×60%

施工图设计阶段的设计费＝(基价＋内插值×相应差值)×40%

4.3.4 建设工程监理费

建设工程监理费参照国家发改委、原建设部［2007］670 号文，关于《建设工程监理与相关服务收费管理规定》的通知进行计算。规定中的相关条文如下。

（1）实行政府指导价的建设工程施工阶段监理收费，其基准价根据《建设工程监理与相关服务收费标准》计算，浮动幅度为上下 20%。发包人和监理人应当根据建设工程的实际情况在规定的浮动幅度内协商确定收费额。实行市场调节价的建设工程监理与相关服务收费，由发包人和监理人协商确定收费额。

（2）建设工程监理与相关服务收费包括建设工程施工阶段的工程监理（以下简称“施工监理”）服务收费和勘察、设计、保修等阶段的相关服务（以下简称“其他阶段的相关服务”）收费。

（3）铁路、水运、公路、水电、水库工程的施工监理服务收费按建筑安装工程费分档定额计费方式计算收费。其他工程的施工监理服务收费按照建设项目工程概算投资额分档定额计费方式计算收费。

（4）其他阶段的相关服务收费一般按相关服务工作所需工日和《建设工程监理与相关服务人员人工日费用标准》收费。费用标准如表 4-35 所示。

表 4-35 建设工程监理与相关服务人员人工日费用标准 单位：元

建设工程监理与相关服务人员职级	工日费用标准
高级专家	1000～1200
高级专业技术职称的监理与相关服务人员	800～1000
中级专业技术职称的监理与相关服务人员	600～800
初级及以下专业技术职称的监理与相关服务人员	300～600

（5）施工监理服务收费按照下列公式计算。

① 施工监理服务收费＝施工监理服务收费基准价×（1±浮动幅度值）

② 施工监理服务收费基准价＝施工监理服务收费基价×专业调整系数×工程复杂程度调整系数×高程调整系数

(6) 施工监理服务收费基价。施工监理服务收费基价是完成国家法律法规、规范规定的施工阶段监理基本服务内容的价格。施工监理服务收费基价按《施工监理服务收费基价表》确定，计费额处于两个数值区间的，采用直线内插法确定施工监理服务收费基价。施工监理服务收费基价如表4-36所示。

表4-36 施工监理服务收费基价 单位：万元

计费额	收费基价	计费额	收费基价
500	16.5	60000	991.4
1000	30.1	80000	1255.8
3000	78.1	100000	1507.0
5000	120.8	200000	2712.5
8000	181.0	400000	4882.6
10000	218.6	600000	6835.6
20000	393.4	800000	8658.4
40000	708.2	1000000	10390.1

(7) 施工监理服务收费的计费额。施工监理服务收费以建设项目工程概算投资额分档定额计费方式收费的，其计费额为工程概算中的建筑安装工程费、设备购置费和联合试运转费之和，即工程概算投资额。对设备购置费和联合试运转费占工程概算投资额40%以上的工程项目，其建筑安装工程费全部计入计费额，设备购置费和联合试运转费按40%的比例计入计费额。但其计费额不应小于建筑安装工程费与其相同且设备购置费和联合试运转费等于工程概算投资额40%的工程项目的计费额。

工程中有利用原有设备并进行安装调试服务的，以签订工程监理合同时同类设备的当期价格作为施工监理服务收费的计费额；工程中有缓配设备的，应扣除签订工程监理合同时同类设备的当期价格作为施工监理服务收费的计费额；工程中有引进设备的，按照购进设备的离岸价格折换成人民币作为施工监理服务收费的计费额。

施工监理服务收费以建筑安装工程费分档定额计费方式收费的，其计费额为工程概算中的建筑安装工程费。

(8) 施工监理服务收费调整系数。施工监理服务收费调整系数包括：专业调整系数、工程复杂程度调整系数和高程调整系数。

① 专业调整系数是对不同专业建设工程的施工监理工作复杂程度和工作量差异进行调整的系数。计算施工监理服务收费时，专业调整系数在《施工监理服务收费专业调整系数表》中查找确定。邮政、电信和广播电视工程的专业调整系数均为1.0。

② 工程复杂程度调整系数是对同一专业建设工程的施工监理复杂程度和工作量差异进行调整的系数。工程复杂程度分为一般、较复杂和复杂三个等级，其调整系数分别为：一般（Ⅰ级）0.85；较复杂（Ⅱ级）1.0；复杂（Ⅲ级）1.15；计算施工监理服务收费时，工程复杂程度在相应章节的《工程复杂程度表》中查找确定。广播电视、邮政和电信工程的复杂程度如表4-37所示。

表 4-37 广播电视、邮政和电信工程复杂程度

等 级	工 程 特 征
Ⅰ级	广播电视中心设备(广播两套及以下,电视三套及以下)工程
	中短波发射台(中波单机功率 $P<1kW$,短波单机功率 $P<50kW$)工程
	电视、调频发射塔(台)设备(单机功率 $P<1kW$)工程
	广播电视收测台设备工程,三级邮件处理中心工艺工程
Ⅱ级	广播电视中心设备(广播 3～5 套,电视 4～5 套)工程
	中短波发射台(中波单机功率 $1kW\leqslant P<20kW$,短波单机功率 $50kW\leqslant P<150kW$)工程
	电视、调频发射塔(台)设备(中波单机功率 $1kW\leqslant P<10kW$,塔高<200 m)工程
	广播电视传输网络工程;二级邮件处理中心工艺工程
	电声设备、演播厅、录(播)音馆、摄影棚设备工程
	广播电视卫星地球站、微波站设备工程
	电信工程
Ⅲ级	广播电视中心设备(广播 6 套以上,电视 7 套以上)工程
	中短波发射台设备(中波单机功率 $P\geqslant 20kW$,短波单机功率 $P\geqslant 150kW$)工程
	电视、调频发射塔(台)设备(中波单机功率 $P\geqslant 10kW$,塔高≥200m)工程
	一级邮件处理中心工艺工程

③ 高程调整系数：海拔高程 2001m 以下为 1；海拔高程 2001～3000m 为 1.1；海拔高程 3001～3500m 为 1.2；海拔高程 3501～4000m 为 1.3；海拔高程 4001m 以上的，高程调整系数由发包人议定。

【例 4-1】 某地区（海拔高程 2237m）长途光缆通信单项工程概算 1080 万元，平均每芯公里造价 2331.10 元。其中建筑安装工程费 560 万元，设备购置费 380 万元，联合试运转费未列。发包人委托监理人对该建设工程项目进行施工阶段的监理服务。确定施工监理服务收费额。

(1) 计算施工监理服务收费计费额

① 工程概算投资额＝建筑安装工程费＋设备购置费＋联合试运转费

＝560＋380＋0＝940.00（万元）

② 确定设备购置费和联合试运转费占工程概算投资额的比例：(设备购置费＋联合试运转费)÷(工程概算投资额)＝(380＋0)÷1080＝35.19％

③ 确定施工监理服务收费的计费额：由于设备购置费和联合试运转费之和占工程概算投资额的比例（35.19％）未超过 40％，则施工监理服务计费额为工程概算投资额，即 940.00 万元。

(2) 计算施工监理服务收费基价　根据内插法有：施工监理服务收费基价＝16.5＋(30.1－16.5)÷(1000－500)×(940－500)＝28.468（万元）

(3) 确定相关系数　电信工程专业调整系数为 1.0；电信工程复杂程度属于Ⅱ级，工程复杂程度调整系数为 1.0；建设工程项目所在地海拔高程为 2237m，所以高程调整系数为 1.1。

(4) 计算施工监理服务收费基准价

施工监理服务收费基准价＝施工监理服务收费基价×专业调整系数×工程复杂程度调

整系数×高程调整系数＝28.468×1.0×1.0×1.1＝31.315（万元）

(5) 确定施工监理服务收费合同额　该建设工程项目属于依法必须实行监理的，监理人和发包人应在施工监理服务收费基准价的基础上，上下20%的浮动范围内，协商确定该建设工程项目的施工监理服务收费合同额。

4.4 预备费、施工项目承包费和建设期利息

4.4.1 预备费

预备费是指在初步设计及概算内难以预料的工程费用。预备费包括基本预备费和价差预备费。

(1) 基本预备费

① 进行技术设计、施工图设计和施工过程中，在批准的初步设计和概算范围内所增加的工程费用。

② 由一般自然灾害所造成的损失和预防自然灾害所采取的措施费用。

③ 竣工验收为鉴定工程质量，必须开挖和修复隐蔽工程的费用。

(2) 价差预备费　价差预备费是指设备、材料的价差。

预备费的计算规则如下：

预备费＝(工程费＋工程建设其他费)×相关费率（费率如表4-38所示）

表4-38　预备费费率

项目名称	计算基础	费　率/%
通信设备安装工程	工程费＋工程建设其他费	3.0
通信线路工程	工程费＋工程建设其他费	4.0
通信管道工程	工程费＋工程建设其他费	5.0

4.4.2 施工项目承包费

施工项目承包费只在省际长途干线工程中增列，主要用于施工总承包企业对全线工程的组织协调（包括军民共建工程）、因部分设计变更引起的施工费增加和材料价格变化（包工包料方式项目，累计不超过建筑安装工程费总额的20%；包工不包料的项目，累计不超过施工费总额2%）所花费的费用。通信设备安装工程承包费费率为3%、通信线路工程承包费费率为4%。计费规则如下。

(1) 工程采用包工包料方式

施工项目承包费＝建筑安装工程费×承包费费率

(2) 工程采用包工不包料方式

施工项目承包费＝(建筑安装工程费－材料费)×承包费费率

【注意】 施工项目承包费在二阶段设计施工图预算（表一）中计列；在概算中，由于此项费用已经包含在概算预备费中，不再单独计列。

4.4.3 建设期利息

建设期利息是指建设项目贷款在建设期内发生并应计入固定资产的贷款利息等财务费用。按银行当期利率计算。

4.5 实训工程费用计算

4.5.1 实训目的

(1) 能够看懂例题的计算过程。
(2) 能够正确套用费率，计算工程费用。
(3) 掌握工程费用的计算程序和方法。

4.5.2 工程说明

(1) 本工程为"×××市话光缆线路工程"。
(2) 工程类别为三类工程，施工地点在城区（非特殊地区），不成立筹建机构。
(3) 施工企业为二级施工企业，施工企业距施工所在地 50km。
(4) 施工用水、电、蒸汽费为 500 元。
(5) 主要工程量：技工 160 工日、普工 120 工日。
(6) 主要材料费用合计 75000 元，其中光缆预算价为 35000 元。
(7) 机械使用费合计 1700 元（没有使用大型施工机械），仪表使用费 300 元。
(8) 运土费为 2000 元；不计取已完工程及设备保护费。

4.5.3 工程费用计算

(1) 直接工程费：包括人工费、材料费、机械使用费和仪表使用费。

① 人工费：技工为 48 元/工日、普工为 19 元/工日。

人工费＝技工费＋普工费＝160×48＋120×19＝7680＋2280＝9960（元）

② 材料费：题目给定主要材料费，通信线路工程的辅助材料费＝主要材料费×0.3%。

材料费＝主要材料费＋辅助材料费＝75000＋75000×0.3%＝75225（元）

③ 机械使用费题目给定为 1700 元，仪表使用费题目给定为 300 元。

直接工程费＝人工费＋材料费＋机械使用费＋仪表使用费
＝9960＋75225＋1700＋300＝87185（元）

(2) 措施费：共包括 16 项，计算依据和结果如表 4-39 所示。

表 4-39 措施费

序号	费用名称	计算依据和方法	费用/元
1	环境保护费	人工费×1.5%	149.40
2	文明施工费	人工费×1.0%	99.60

续表

序号	费用名称	计算依据和方法	费用/元
3	工地器材搬运费	人工费×5.0%	498.00
4	工程干扰费	人工费×6.0%	597.60
5	工程点交、场地清理费	人工费×5.0%	498.00
6	临时设施费	人工费×10.0%(距离＞35km)	996.00
7	工程车辆使用费	人工费×6.0%	597.60
8	夜间施工增加费	人工费×3.0%(城区施工)	298.80
9	冬雨季施工增加费	人工费×2.0 %	199.20
10	生产工具用具使用费	人工费×3.0%	298.80
11	施工用水电蒸汽费	500 元(给定)	500.00
12	特殊地区施工增加费	不计(非特殊地区)	0.00
13	已完工程及设备保护费	不计(给定)	0.00
14	运土费	2000 元	2000.00
15	施工队伍调遣费	106×5×2(距离＞35km、技工总工日 500 工日以下)	1060.00
16	大型施工机械调遣费	不计	0.00
	合计		7793.00

(3) 直接费：包括直接工程费和措施费。

直接费＝直接工程费＋措施费＝87185＋7793＝94978（元）

(4) 间接费：包括规费和企业管理费。

规费＝社会保障费＋住房公积金＋危险作业意外伤害保险费＝人工费×26.81%＋人工费×4.19%＋人工费×1.00%＝9960×26.81%＋9960×4.19%＋9960×1.00%＝2670.28＋417.32＋99.6＝3187.2（元）

企业管理费＝人工费×30%＝9960×30%＝2988（元）

间接费＝规费＋企业管理费＝3187.2＋2988＝6175.2（元）

(5) 利润：通信线路工程利润费率为 30%。

利润＝人工费×30%＝9960×30%＝2988（元）

(6) 税金：税率为 3.41%。通信线路工程计算税金时，要将光缆预算价从直接工程费中核减，为 35000 元。

税金＝(直接费－光缆预算价＋间接费＋利润)×3.41%

＝(94978－35000＋6175.2＋2988)×3.41%＝2357.72（元）

(7) 建筑安装工程费：是直接费、间接费、利润和税金之和。

建筑安装工程费＝94978＋6175.2＋2988＋2357.72＝106498.92（元）

4.5.4 实训报告

(1) 写出通信建设工程费用的计算依据。

(2) 说明通信建设工程费用的计算过程和内容。

习题

1. 填空题

(1) 技工工日定额是（　　）元，普工工日定额是（　　）元。

(2) 材料费由（　　　）和（　　　）组成。

(3) 通信工程建设项目总费用由（　　　）、（　　　）、预备费和（　　　）等构成。

(4) 建筑安装工程费由（　　　）、（　　　）、（　　　）和税金组成。

(5) 施工用水、电、蒸汽费是指（　　　）中使用水、电、蒸汽所发生的费用。

2. 判断对错

（　　）(1) 凡是施工图设计的预算都应计列预备费。

（　　）(2) 直接工程费就是直接费。

（　　）(3) 工程所在地距施工企业 25km 比 20km 的施工队伍调遣费要多。

（　　）(4) 通信线路工程无论工程大小都应计列工程干扰费。

（　　）(5) 夜间施工增加费只有必须在夜间施工的工程计列。

（　　）(6) 企业管理费费率随工程类别不同而不同。

（　　）(7) 凡是通信线路工程都应计列冬雨季施工增加费。

3. 选择题

(1) 在下列费用项目中属于工程建设其他费用的是（　　）。

A. 施工队伍调遣费　　B. 临时设施费

C. 设备购置费　　D. 流动施工津贴

(2) 勘察设计费属于建设项目中的（　　）。

A. 预备费　　B. 建筑安装工程费

C. 工程建设其他费用　　D. 生产准备费

(3) 通信建设工程的税金包括（　　）。

A. 营业税、城市维护建设税、固定资产投资方向调节税

B. 营业税、城市维护建设税、所得税

C. 城市维护建设税、固定资产投资方向调节税、教育费附加

D. 营业税、城市维护建设税、教育费附加

(4) 企业管理费的取费标准与（　　）有关。

A. 工程类别　　B. 施工企业级别

C. 工程项目专业　　D. 资金来源

(5) 材料预算价格是指材料（　　）。

A. 出厂价格　　B. 在施工工地仓库的入库价格

C. 加权平均出厂价格　　D. 在施工工地仓库的出库价格

(6) 下列选项中不属于材料预算价格内容的是（　　）。

A. 材料原价　　B. 材料包装费

C. 材料采购及保管费　　D. 工地器材搬运费

4. 已知通信工程设计收费基价如表 4-40 所示。

表 4-40　通信工程设计收费基价

计费额/万元	收费基价/万元	内插值/万元
3000	103.8	0.0325
5000	163.9	0.0301

若某工程的预算总价值为 4258 万元且为一阶段设计，问应收设计费多少？

5. 已知通信管道的勘察收费基价如表 4-41 所示。

表 4-41 通信管道的勘察收费基价

项目	计费单位/km	收费基价/元	内插值/元
通信管道	$1.0<L\leqslant3.0$	3560	2733
	$3.0<L\leqslant5.0$	9026	1867

（1）计算长为 2.6km 的通信管道工程的一阶段设计的勘察费。

（2）计算长为 3km 的通信管道工程的二阶段设计的施工图设计勘察费。

5 通信建设工程概预算文件

学习指南▶▶▶

本章讲解通信工程概预算文件的组成、编制程序和表格填写方法，通过对通信干线管道穿光缆、管道、直埋、架空和移动基站设备等五个工程预算实例的学习，熟悉预算文件的编制，为成为通信工程概预算师奠定基础。

5.1 概预算文件的编制

5.1.1 概预算文件的组成

概预算文件由编制说明和概预算表组成。

5.1.1.1 编制说明

编制说明一般由工程概况、编制依据、投资分析和其他需要说明的问题四个部分组成。

（1）工程概况　说明项目规模、用途、概（预）算总价值、产品品种、生产能力、公用工程及项目外工程的主要情况等。

（2）编制依据　主要说明编制时依据的技术、经济条件、各种定额、材料设备价格、地方政府的有关规定和主管部门未作统一规定的费用计算依据和说明。

（3）投资分析　主要说明各项投资的比例及类似工程投资额的比较、分析投资额高的原因、工程设计的经济合理性、技术的先进性及其适宜性等。

（4）其他需要说明的问题　如建设项目的特殊条件和特殊问题，需要上级主管部门和有关部门帮助解决的其他有关问题等。

5.1.1.2 概预算表

通信建设工程概预算表格全套包括建设项目总概（预）算表（汇总表）、工程概（预）算总表（表一）、建筑安装工程费用概（预）算表（表二）、建筑安装工程量概（预）算表（表三甲）、建筑安装工程施工机械使用费概（预）算表（表三乙）、建筑安装工程施工仪器仪表使用费概（预）算表（表三丙）、国内器材概（预）算表（表四甲）、引进器材概（预）算表（表四乙）、工程建设其他费概（预）算表（表五甲）、引进设备工程建设其他费用概（预）算表（表五乙）共 5 种 10 张表格。下面分别说明各表格的填写方法。

（1）建设项目总概（预）算表（汇总表）　建设项目总概（预）算表（汇总表）供编制建设项目总概算（预算）使用，建设项目的全部费用在该表（如表 5-1 所示）中汇总。

汇总表填写方法如下：

① 第Ⅱ栏根据各工程相应总表（表一）编号填写。

② 第Ⅲ栏根据建设项目的各工程名称依次填写。

③ 第Ⅳ～Ⅸ栏根据工程项目的概算或预算（表一）相应各栏的费用合计填写。

④ 第Ⅹ栏为第Ⅳ～Ⅸ栏的各项费用之和。

⑤ 第Ⅺ栏填写以上各列费用中以外币支付的合计。

表 5-1 建设项目总概（预）算表（汇总表）

建设项目名称： 建设单位名称： 表格编号： 第 页

序号	表格编号	单项工程名称	小型建筑工程费	需要安装的设备费	不需安装的设备、工器具费	建筑安装工程费	预备费	其他费用	总价值		生产准备及开办费
			/元						人民币/元	其中外币/( )	/元
Ⅰ	Ⅱ	Ⅲ	Ⅳ	Ⅴ	Ⅵ	Ⅶ	Ⅷ	Ⅸ	Ⅹ	Ⅺ	Ⅻ

设计负责人： 审核： 编制： 编制日期： 年 月

⑥ 第Ⅻ栏填写各工程项目需单列的“生产准备及开办费”金额。

⑦ 当工程有回收金额时，应在费用项目总计下列出“其中回收费用”，其金额填入第Ⅸ栏。此费用不冲减总费用。

（2）工程概（预）算总表（表一） 工程概（预）算总表（表一）供编制单项（单位）工程概算（预算）之用，单项（单位）工程的全部费用在该表中（如表 5-2 所示）汇总。

表 5-2 工程概（预）算总表（表一）

建设项目名称： 建设单位名称： 表格编号： 第 页

工程名称：

序号	表格编号	费用名称	小型建筑工程费	需要安装的设备费	不需要安装的设备、工器具费	建筑安装工程费	其他费用	总价值	
			/元					人民币/元	其中外币/( )
Ⅰ	Ⅱ	Ⅲ	Ⅳ	Ⅴ	Ⅵ	Ⅶ	Ⅷ	Ⅸ	Ⅹ

设计负责人： 审核： 编制： 编制日期： 年 月

表一的填写方法如下：

① 表首“建设项目名称”填写立项工程项目全称。

② 第Ⅱ栏根据本工程各类费用概算（预算）表格编号填写。

③ 第Ⅲ栏根据本工程概算（预算）各类费用名称填写。

④ 第Ⅳ～Ⅷ栏根据相应各类费用合计填写。

⑤ 第Ⅸ栏为第Ⅳ～Ⅷ栏之和。

⑥ 第Ⅹ栏填写本工程引进技术和设备所支付的外币总额。

⑦ 当工程有回收金额时，应在费用项目总计下列出“其中回收费用”，其金额填入第Ⅷ栏。此费用不冲减总费用。

(3) 建筑安装工程费用概（预）算表（表二） 建筑安装工程费用概（预）算表（表二）主要统计建筑安装工程费用，需要表三（甲）提供工日、表三（乙）提供机械使用费、表三（丙）提供仪器仪表使用费、表四提供材料费。如表5-3所示。

表5-3 建筑安装工程费用概（预）算表（表二）

工程名称： 建设单位名称： 表格编号： 第 页

序号	费用名称	依据和计算方法	合计/元	序号	费用名称	依据和计算方法	合计/元
Ⅰ	Ⅱ	Ⅲ	Ⅳ	Ⅰ	Ⅱ	Ⅲ	Ⅳ
	建筑安装工程费			8	夜间施工增加费		
一	直接费			9	冬雨季施工增加费		
(一)	直接工程费			10	生产工具用具使用费		
1	人工费			11	施工用水电蒸汽费		
(1)	技工费			12	特殊地区施工增加费		
(2)	普工费			13	已完工程及设备保护费		
2	材料费			14	运土费		
(1)	主要材料费			15	施工队伍调遣费		
(2)	辅助材料费			16	大型施工机械调遣费		
3	机械使用费			二	间接费		
4	仪表使用费			(一)	规费		
(二)	措施费			1	工程排污费		
1	环境保护费			2	社会保障费		
2	文明施工费			3	住房公积金		
3	工地器材搬运费			4	危险作业意外伤害保险费		
4	工程干扰费			(二)	企业管理费		
5	工程点交、场地清理费			三	利润		
6	临时设施费			四	税金		
7	工程车辆使用费						

设计负责人： 审核： 编制： 编制日期： 年 月

表二的填写方法如下：

① 第Ⅲ栏根据《通信建设工程费用定额》相关规定，填写第Ⅱ栏各项费用的计算依据和方法。

② 第Ⅳ栏填写第Ⅱ栏各项费用的计算结果。

(4) 建筑安装工程量概（预）算表（表三甲） 建筑安装工程量概（预）算表（表三

甲）供编制工程量，并计算技工和普工总工日数量使用。如表5-4所示。

表5-4 建筑安装工程量概（预）算表（表三甲）

工程名称： 建设单位名称： 表格编号： 第 页

序号	定额编号	项目名称	单位	数量	单位定额值		合计值	
					技工	普工	技工	普工
Ⅰ	Ⅱ	Ⅲ	Ⅳ	Ⅴ	Ⅵ	Ⅶ	Ⅷ	Ⅸ

设计负责人： 审核： 编制： 编制日期： 年 月

表三甲填写方法如下：

① 第Ⅱ栏根据《通信建设工程预算定额》，填写所套用预算定额子目的编号。若需临时估列工作内容子目，在本栏中标注"估列"两字；两项以上"估列"条目，应编列序号。

② 第Ⅲ、Ⅳ栏根据《通信建设预算定额》分别填写所套定额子目的名称、单位。

③ 第Ⅴ栏填写根据定额子目的工作内容所计算出的工程量数值。

④ 第Ⅵ、Ⅶ栏填写所套定额子目的工日单位定额值。

⑤ 第Ⅷ栏为第Ⅴ栏与第Ⅵ栏的乘积。

⑥ 第Ⅸ栏为第Ⅴ栏与第Ⅶ栏的乘积。

（5）建筑安装工程施工机械使用费概（预）算表（表三乙） 建筑安装工程施工机械使用费概（预）算表（表三乙），供编制本工程所列的机械费用汇总使用。如表5-5所示。

表5-5 建筑安装工程施工机械使用费概（预）算表（表三乙）

工程名称： 建设单位名称： 表格编号： 第 页

序号	定额编号	项目名称	单位	数量	机械名称	单位定额值		合计值	
						数量/台班	单价/元	数量/台班	合价/元
Ⅰ	Ⅱ	Ⅲ	Ⅳ	Ⅴ	Ⅵ	Ⅶ	Ⅷ	Ⅸ	Ⅹ

设计负责人： 审核： 编制： 编制日期： 年 月

表三乙填写方法如下：

① 第Ⅱ、Ⅲ、Ⅳ和Ⅴ栏分别填写所套用定额子目的编号、名称、单位以及该子目工程量数值。

② 第Ⅵ、Ⅶ栏分别填写定额子目所涉及的机械名称及此机械台班的单位定额值。

③ 第Ⅷ栏填写根据《通信建设工程施工机械、仪表台班费用定额》查找到的相应机械台班单价值。

④ 第Ⅸ栏填写第Ⅶ栏与第Ⅴ栏的乘积。

⑤ 第Ⅹ栏填写第Ⅷ栏与第Ⅸ栏的乘积。

(6) 建筑安装工程施工仪器仪表使用费概（预）算表（表三丙） 建筑安装工程施工仪器仪表使用费概（预）算表（表三丙），供编制本工程所列的仪表费用汇总使用。如表5-6所示。

表 5-6 建筑安装工程施工仪器仪表使用费概（预）算表（表三丙）

工程名称： 建设单位名称： 表格编号： 第 页

序号	定额编号	项 目 名 称	单位	数量	仪 表 名 称	单位定额值		合计值	
						数量/台班	单价/元	数量/台班	合价/元
Ⅰ	Ⅱ	Ⅲ	Ⅳ	Ⅴ	Ⅵ	Ⅶ	Ⅷ	Ⅸ	Ⅹ

设计负责人： 审核： 编制： 编制日期： 年 月

表三丙填写方法与表三乙基本相同。

(7) 国内器材概（预）算表（表四甲） 器材概（预）算表（表四甲），供编制本工程的主要材料、设备和工器具的数量和费用使用。如表5-7所示。

表 5-7 器材概（预）算表（表四甲）

（ 表）

工程名称： 建设单位名称： 表格编号： 第 页

序号	名称	规格程式	单位	数量	单价/元	合计/元	备 注
Ⅰ	Ⅱ	Ⅲ	Ⅳ	Ⅴ	Ⅵ	Ⅶ	Ⅷ

设计负责人： 审核： 编制： 编制日期： 年 月

表四甲填写方法如下：

① 表格标题下面括号内根据需要填写主要材料或需要安装的设备或不需要安装的设备、工器具、仪表。

② 第Ⅱ、Ⅲ、Ⅳ、Ⅴ、Ⅵ栏分别填写主要材料或需要安装的设备或不需要安装的设备、工器具、仪表的名称、规格程式、单位、数量、单价。

③ 第Ⅶ栏填写第Ⅵ栏与第Ⅴ栏的乘积。

④ 第Ⅷ栏填写主要材料或需要安装的设备或不需要安装的设备、工器具、仪表需要说明的有关问题。

⑤ 依次填写需要安装的设备或不需要安装的设备、工器具、仪表之后，还需填写小计、运杂费、运输保险费、采购及保管费、采购代理服务费、合计。

⑥ 用于主要材料表时，应将主要材料分类后，计取运杂费、运输保险费、采购及保管费、采购代理服务费等相关费用，然后进行总计。

(8) 引进器材概（预）算表（表四乙） 引进器材概（预）算表（表四乙），供编制引进工程的主要材料、设备和工器具的数量和费用使用。如表 5-8 所示。

表 5-8 引进器材概（预）算表（表四乙）

（ 表）

工程名称： 建设单位名称： 表格编号： 第 页

序号	中文名称	外文名称	单位	数量	单价		合价	
					外币/（ ）	折合人民币/元	外币/（ ）	折合人民币/元
Ⅰ	Ⅱ	Ⅲ	Ⅳ	Ⅴ	Ⅵ	Ⅶ	Ⅷ	Ⅸ

设计负责人： 审核： 编制： 编制日期： 年 月

表四乙填表方法如下：

① 表格标题下面括号内根据需要填写引进主要材料或引进需要安装的设备或引进不需要安装的设备、工器具、仪表。

② 第Ⅵ、Ⅶ、Ⅷ和Ⅸ栏分别填写外币金额及折算人民币的金额，并按引进工程的有关规定填写相应费用。其他填写方法与表四甲基本相同。

(9) 工程建设其他费概（预）算表（表五甲） 工程建设其他费概（预）算表（表五甲），供编制国内工程计列的工程建设其他费使用。如表 5-9 所示。

表 5-9 工程建设其他费概（预）算表（表五甲）

工程名称： 建设单位名称： 表格编号： 第 页

序号	费用名称	计算依据及方法	金额/元	备注
Ⅰ	Ⅱ	Ⅲ	Ⅳ	Ⅴ
1	建设用地及综合赔补费			
2	建设单位管理费			
3	可行性研究费			
4	研究试验费			
5	勘察设计费			
6	环境影响评价费			
7	劳动安全卫生评价费			
8	建设工程监理费			
9	安全生产费			
10	工程质量监督费			
11	工程定额测定费			

续表

序号	费用名称	计算依据及方法	金额/元	备注
12	引进技术及引进设备其他费			
13	工程保险费			
14	工程招标代理费			
15	专利及专利技术使用费			
	总计			
16	生产准备及开办费(运营费)			

设计负责人： 审核： 编制： 编制日期： 年 月

表五甲填写方法如下：

① 第Ⅲ栏根据《通信建设工程费用定额》相关费用的计算规则填写。

② 第Ⅴ栏根据需要填写补充说明的内容事项。

(10) 引进设备工程建设其他费用概（预）算表（表五乙） 如表5-10所示。

表5-10 引进设备工程建设其他费用概（预）算表（表五乙）

工程名称： 建设单位名称： 表格编号： 第 页

序号	费用名称	计算依据及方法	金额		备注
			外币/( )	折合人民币/元	
Ⅰ	Ⅱ	Ⅲ	Ⅳ	Ⅴ	Ⅵ

设计负责人： 审核： 编制： 编制日期： 年 月

表五乙填写方法如下：

① 本表供编制引进工程计列的工程建设其他费。

② 第Ⅲ栏根据国家及主管部门的相关规定填写。

③ 第Ⅳ、Ⅴ栏分别填写各项费用所需计列的外币与人民币数值。

④ 第Ⅵ栏根据需要填写补充说明的内容事项。

5.1.2 编制程序

编制概、预算文件时，先要收集资料、熟悉工程设计图样、计算出工程量；再套用定额确定主材使用量，依据费用定额计算各项费用；经过复核无误后，编写工程说明，最后经主管领导审核、签字后，印刷出版。

(1) 收集资料、熟悉图样　在编制概、预算前，针对工程具体情况和所编概、预算内容收集有关资料，包括概、预算定额、费用定额以及材料、设备价格等。对施工图进行一次全面的检查，检查图样是否完整、检查各部分尺寸是否有误、有无施工说明等，重点要明确设计意图。

（2）计算工程量 工程量是编制概、预算的基本数据，计算的准确与否直接影响到工程造价的准确度。工程量计算时要注意以下几点：

① 要先熟悉设计图样的内容和相互关系，注意有关标注和说明。

② 计算的单位一定要与编制概、预算时依据的概、预算定额单位相一致。

③ 要防止误算、漏算和重复计算，最后将同类项加以合并，并编制工程量汇总表。

（3）套用定额 工程量经复核无误后，方可套用定额确定主材使用量。套用定额时应该核对工程内容与定额内容是否一致，以防误套。

（4）计算各项费用 根据费用定额的计算规则、标准分别计算各项费用，并按通信建设工程概、预算表格的填写要求填写表格。

（5）复核 对上述表格内容进行一次全面检查。检查所列项目、工程量、计算结果、套用定额、选用单价、费用定额的使用标准以及计算数值等是否正确。

（6）编写说明 复核无误后，进行对比、分析，撰写编制说明。凡概、预算表格不能反映的一些事项以及编制中必须说明的问题，都应用文字表达出来，以供审批单位审查。

5.1.3 定额的套用

5.1.3.1 通信管道工程

（1）开挖混凝土或柏油路面段遇双层以上时，此段工程量：最上层按开挖混凝土或柏油路面套用定额，以下层建议按砂砾土定额计取。

（2）路面厚度：城镇主干道一般按250mm定额计取，次（支）干道一般按150mm定额计取。

（3）土石方工程量应按“自然方”（未经扰动的自然状态土方）计取。

（4）管道沟底和沟口的宽度：由设计根据规范或实际情况确定。

（5）地上、地下障碍物处理的用工用料由设计另列。

（6）回填土方定额中包括回填土、砂、碎石、厂拌填充物（水稳料）等。

（7）城镇路面赔补费和修复路面定额（参照当地市政相关定额），只能计取一项，不能同时计取。

（8）管道工程用水：$5m^3$/每百米段；$3m^3$/人孔；$1m^3$/手孔。

（9）管道混凝土基础、包封，建议套用规格C20（混凝土配合比）。

（10）敷设多孔复合塑料管按标准单孔管对待。

5.1.3.2 通信线路工程

（1）线路工程施工测量：只计取室外的路由长度，包括墙挂光（电）缆、引上光（电）缆地下水平部分等，但在同一路由段上布放多条光（电）缆时，施工测量只能计取一次，不能多次计取。例如：布放光（电）缆600m和800m两条，其中同一路由500m，那么这项线路工程施工测量距离应为500m+(600−500)m+(800−500)m=900m。

（2）敷设小口径塑料管一般是指≤ϕ41～50mm的硅衬管。

（3）地下定向钻孔敷管定额中的ϕ×××mm是指钻孔孔径，不是指敷管的管径。

（4）地下顶管和保护管，按m/根计量。

(5) 布放光（电）缆：定额中已包括使用量和规定的损耗量，但不包括预留量。在设计时，图纸要标明预留量，材料应据实计列。

(6) 引上光（电）缆：是指从人（手）孔内至地面上水平吊挂间的光（电）缆段。定额论条不论长度。材料应据实计列。

(7) 敷设金属管、塑料管、线槽定额中，包括安装附件。

(8) 不同芯数的光（电）缆接续：接续量按芯数小头计取。接头器材按芯数大头的规格计列。

(9) 吊线光（电）缆附挂的，按敷设光（电）缆定额的 1.2 倍计取。

(10) 打穿楼墙（层）洞定额中，可包括安放保护管。

(11) 打穿地下室墙（层）洞，建议套用定额 TXL4-036 打穿楼墙洞（混凝土墙）。

5.1.3.3 架空线路工程

(1) 挖电杆、拉线、撑杆坑等的土质系按综合土、软石、坚石三类划分，其中综合土的构成按普通土 20%、硬土 50%、砂砾土 30%。

(2) 立电杆与撑杆、安装拉线部分为平原地区的定额，用于丘陵、水田、城区时按相应定额人工的 1.3 倍计取；用于山区时按相应定额人工的 1.6 倍计取。

(3) 更换电杆及拉线按定额相关子目的 2 倍计取。

(4) 高桩拉线中电杆至拉桩间正拉线的架设，套用相应安装吊线的定额；立高桩套用相应立电杆的定额。

(5) 架空明线的线位间如需安装架空吊线时，按相应子目人工定额的 1.3 倍计取。

(6) 敷设档距在 100m 及以上的吊线、光（电）缆时，其人工按相应定额的 2 倍计取。

5.1.3.4 通信光缆工程

(1) 光缆中继段测试：一般按“双窗口”测试。中继段是指局端至局端、局端至接入网之间的线路段，包括光端设备在内的两端之间全部传输介质。

(2) 光缆用户段测试：是指对包括局端或接入网至用户端，光收发器两端之间全部传输介质的测试，包括网络设备及跳线，但不包括交换机。一般按“双窗口”测试，有交接设备的，交接设备进端为一段、交接设备出端至用户端为一段；无交接设备的，按局端出线芯数计为一段；从接头设备出来的，按芯数多的计为一段。

(3) 铠装光缆埋设按相应定额的 1.2 倍计取，接续按相应定额的 1.5 倍计取。

(4) 布放室外通道光缆按布放管道光缆相应定额的 0.8 倍计取。

(5) 成端光缆：是指成端接头至配线设备端子间的光缆（尾纤）。定额论芯不论长度，材料应据实计列。

5.1.3.5 通信电缆工程

(1) 布放 100 对以下的成端电缆，套用组线箱成端电缆定额。

(2) 配线电缆全程测试：是指局端至用户端之间的全部传输介质的测试。有交接设备的，按交接设备进端进线对数＋出端出线对数计取；无交接设备的，按局端出线对数计取；从接头设备出来的，按芯数多的计取。

(3) 布放和改接电缆跳线定额，只在电缆割接工程中计取。

(4) 成端电缆：是指成端接头至配线设备端子间的电缆。定额论条不论长度，材料应据实计列。通常进局（箱）电缆的对数超过直列端子数的才作成端接头。

5.1.3.6 综合布线工程

（1）安装综合柜，建议套用定额 TXL7-029 安装机柜、机架（落地式）。

（2）安装网络箱，建议套用定额 TXL7-031 安装接线箱。

（3）双绞线缆（五类缆）链路测试：是指对以太网交换机接口至信息插座之间的带RJ45接头的线路段的测试，包括网络设备及跳线，但不包括交换机。

（4）布放墙吊五类缆，建议套用定额 TXL4-52 架设吊线式墙壁电缆（200对以下）；布放钉固五类缆，建议套用定额 TXL4-54 架设钉固式墙壁电缆（200对以下）；布放槽道五类缆，建议套用定额 TXL4-62 槽道电缆。

（5）布放、终接4芯双绞线缆（五类缆），可套用布放、终接8芯双绞线缆（五类缆）相应定额。

（6）双绞线缆（五类缆）跳线定额（TXL7-062 电缆跳线）中包含制作和布放。

5.1.3.7 通信电源工程

（1）通信电源工程用仪表定额，不是按台班，而是按基价列出的。

（2）配电系统自动性能调测定额（TSD3-071 配电系统自动性能调测）：是指在供电回路中带有仪表、继电器、电磁开关等调测元件、而且必须要进行调测的才能计取。

（3）蓄电池抗振架制作，套用定额 TSD6-018 制作铁构件。

（4）电力电缆端头的制作安装，1kV以下的布放定额已包含（变更的另列）；1kV以上的布放需另列。

（5）穿、布放电源线（$\leqslant n\times 6\text{mm}^2$，$n$为电源线根数）：建议套用定额 TSD4-019 室内布放电力电缆（单芯16mm^2以下）或 TSY1-075 布放单芯电力电缆（16mm^2以下）。

（6）布放电力电缆时，2芯的按相应定额的1.5倍计取；4芯的按相应定额的2倍计取；5芯的按相应定额的2.5倍计取。

5.1.3.8 有线通信工程

（1）设备拆除，包含相关缆线的拆除和改接。

（2）线缆桥架为双层时，按相应定额的2倍计取。

（3）安装测试PCM设备，包含ADPCM设备。

（4）安装测试光电转换器通常是指光收发器。

（5）设备接口转换器：通常是指网关等。

（6）安装调测ADSL设备，套用程控电话交换设备定额。

（7）数据通信定额中的高、中、低端设备含义，应参照当时主流设备的综合性能指标及所处网络位置进行划分。

5.1.3.9 无线通信工程

（1）TSW1-006定额是指安装空的机架、柜。

（2）安装调测室外天（馈）附属设备，按室内天（馈）附属设备定额的1.3倍计取。

（3）安装调测移动交换设备，套用程控电话交换设备定额。

5.1.4 概预算文件的审核

审查工程概预算的目的是核实工程概预算的造价。由于通信工程涉及面广，计价依据繁多，情况复杂，在审核过程中，要严格按照国家有关工程项目建设的方针、政策和规定对费用实事求是地逐项核实。

5.1.4.1 设计概算的审查

审查设计概算是一项政策性、技术性强而又复杂细致的工作。通常概算审查包括以下主要内容。

(1) 设计概算编制依据的审查　审查设计概算的编制是否符合初步设计规定的技术经济条件及其有关说明，是否遵守国家规定的有关定额、指标价格取费标准及其他有关规定等，同时应注意审查编制依据的适用范围和时效性。

(2) 工程量的审查　工程量是计算工程直接费的重要依据。工程直接费在概算造价中起相当重要的作用。因此，审查工程量，纠正其差错，对提高概算编制质量，节约项目建设资金很重要。审查时的主要依据是初步设计图纸、概算定额、工程量计算规则等。审查工程量时必须注意以下几点。

① 有否漏算、重算和错算，定额和单价的套用是否正确。

② 计算工程量所采用的各个工程及其组成部分的数据，是否与设计图纸上标注的数据及说明相符。

③ 工程量计算方法及计算公式是否与计算规则和定额规定相符。

(3) 对使用相关定额计费标准及各项费用的审查

① 直接套用定额是否正确。

② 定额的项目可否换算，换算是否正确。

③ 临时定额是否正确、合理、符合现行定额的编制依据和原则。

④ 材料预算价格的审查。主要审查材料原价和运输费用，并根据设计文件确定的材料耗用量，重点审查耗用量较大的主要材料。

⑤ 间接费的审查。审查间接费时应注意以下几点：

a. 间接费的计算基础、所取费率是否符合规定，是否套错；

b. 间接费中的项目应以工程实际情况为准，没有发生的就不要计算；

c. 所用间接费定额是否与工程性质相符，即属于什么性质的工程，就执行与之配套的间接费定额。

⑥ 其他费用的审查。主要审查计费基础和费率及计算数值是否正确。

⑦ 设备及安装工程概算的审查。根据设备清单审查设备价格、运杂费和安装费用的计算是否正确。标准设备的价格以各级规定的统一价格为准；非标准设备的价格应审查其估价依据和估价方法等；设备运杂费率应按主管部门或地方规定的标准执行；进口设备的费用应按设备费用各组成部分及我国设备进口公司、外汇管理局、海关等有关部门的规定执行。对设备安装工程概算，应审查其编制依据和编制方法等。

另外，还应审查计算安装费的设备数量及种类是否符合设计要求。

⑧ 项目总概算的审查。审查总概算文件的组成是否完整，是否包括了全部设计内容，概算反映的建设规模、建筑标准投资等是否符合设计文件的要求，概算内投资是否包括了

项目从筹建至竣工投产所需的全部费用，是否把设计以外的项目计入概算内多列投资，定额的使用是否符合规定，各项技术经济指标的计算方法和数值是否正确，概算文件中的单位造价与类似工程的造价是否相符或接近，如不符且差异过大时，应审查初步设计与采用的概算定额是否相符。

5.1.4.2 施工图预算的审查

审查施工图预算，首先要做好审查预算所依据的有关资料的准备工作，如施工图纸、有关标准、各类预算定额、费用标准、图纸会审记录等。尤其要熟悉施工图纸，因为施工图纸是审查施工图预算各项数据的依据。审查时，应建立完整的审查档案，做好预算审查的原始记录，整理出完备的工程量计算说明书。对审查中发现的差错，应与预算编制单位协商，做相应的增加或削减处理，统一意见后，对施工图预算进行相应的调整，并编制施工图预算调整表，将调整结果逐一填入作为审核档案。

审查施工图预算时，应重点对工程量、定额套用、定额换算、补充单价及各项计取费用是否合适等内容进行审查。

(1) 工程量的审查　应检查预算工程量的计算是否遵守计算规则，预算定额的分项工程项目的划分，是否有重算、漏算及错算等。例如：审核土方工程，应注意地槽与地坑是否应该放坡、支挡土板或加工作业面放坡系数及加宽是否正确，挖土方工程量计算是否符合定额计算规定和施工图纸标示尺寸，地槽、地坑回填的体积是否扣除了基础所占体积，运土方数是否扣除了就地回填的土方数等。

(2) 套用预算定额的审查　审查预算定额套用的正确性，是施工图预算审查的主要内容之一。如套错预算定额就会影响施工图预算的准确性，审查时应注意以下几点。

① 审核预算中所列预算分项工程的名称、规格、计量单位与预算定额所列的项目内容是否一致，定额的套用是否正确，有否套错。

② 审查预算定额中，已包括的项目是否又另列而进行了重复计算。

(3) 临时定额和定额换算的审查　对临时定额应审核其是否符合编制原则，编制所用人工单价标准、材料价格是否正确，人工工日、机械台班的计算是否合理；对定额工日数量和单价的换算应审查换算的分项工程是否是定额中允许换算的，其换算依据是否正确。

(4) 各项计取费用的审查　费率标准与工程性质、承包方式、施工企业级别和工程类别是否相符，计取基础是否符合规定。计划利润和税金应注意审查计取基础和费率是否符合现行规定。

5.2 预算文件编制实例

5.2.1 长途干线管道穿光缆施工图预算

5.2.1.1 已知条件

(1) 本工程为××长途干线管道穿光缆工程，设计为施工图预算。

(2) 施工地点在城区，施工企业距施工现场 40km。

(3) 设计图样及说明：××长途干线管道穿光缆工程示意图，如图 5-1 所示。

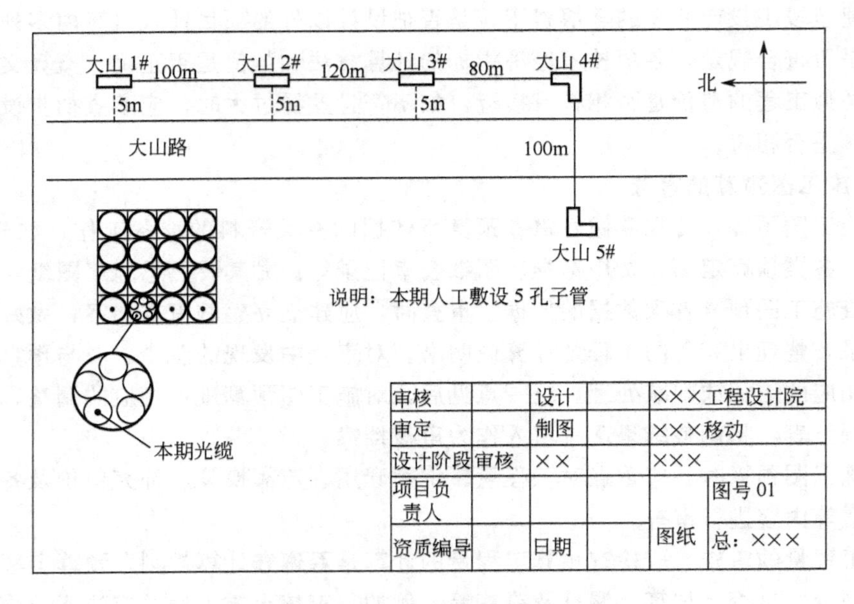

图 5-1 ××长途干线管道穿光缆工程示意图

图纸说明如下。

a. 管道光缆路由长度数据，均为人孔中心到人孔中心的直线距离。

b. 采用 48 芯管道单模光缆 GYTA-48B1。

c. 光缆接头点在 5 号人孔内。另一侧光缆接续的长度不在本工程内计取。

d. 光缆及子管（5 孔）敷设方式为人工敷设。

e. 每个人孔内均有积水。

f. 敷设子管（5 孔）长度，按管道路由长度取定，不再计取材料损耗量。

g. 光缆预留量取定：5 号人孔为接续割接点，光缆预留 25m；每个人孔各预留 1m（弯曲增长预留）；管道光缆的自然弯曲系数，取定为 0.5%。

（4）不考虑光缆中继测试。

（5）建设用地及综合赔补费，总计 2000 元；建设工程监理费经双方约定为 1800 元。

（6）施工用水电蒸汽费按 400 元计取；劳动安全卫生评价费按 300 元计取。

（7）建设单位管理费计费基础为建筑安装工程工程费；设计费经双方约定为 1200 元。

（8）本工程不计取已完工程及设备保护费、运土费、工程排污费、可行性研究费、研究试验费、环境影响评价费、工程保险费、工程招标代理费、专利及专用技术使用费、生产准备及开办费；没有引进技术和引进设备。

（9）主材不计取采购代理服务费。主材原价按××市电信管理物资处编制的《电信建设工程概算、预算常用电信器材基础价格目录》取定。本工程用的主材单价如表 5-11 所示。

表 5-11 设备主材单价

序 号	主材名称	规格型号	单 位	单价/元
1	单模光缆	GYTA-48B1	m	6.00
2	光缆接头盒	48 芯直通（圆形）	套	90.00

续表

序 号	主材名称	规格型号	单 位	单价/元
3	光缆接续器材		套	10.00
4	光缆托板	二线	块	3.00
5	托板垫		块	6.00
6	镀锌铁线	ϕ1.5mm	kg	5.00
7	镀锌铁线	ϕ4.0mm	kg	5.00
8	聚乙烯塑料管	ϕ32/28mm	m	10.00
9	聚乙烯波纹管	100mm	m	5.00
10	胶带		盘	4.00
11	聚乙烯塑料管塞子		个	1.00
12	聚乙烯塑料管固定堵头		个	1.00

(10) 主材运距。光缆运距约为220km；塑料及其制品运距约为40km；其他主材运距约为30km。

5.2.1.2 统计工程量

通过对工程设计图样及说明的分析，该工程为通信线路工程的敷设管道光（电）缆。结合工程示意图，工程量的计算过程如下。

(1) 光缆施工测量工程量（单位为100m）：光缆路由的长度＝100＋120＋80＋100＝400（m）＝4.0（100m）

(2) 敷设光（电）缆人孔抽积水工程量（单位为个）：数量为5个

(3) 人工敷设塑料子管（5孔子管）工程量（单位为km）：数量为0.4km

(4) 人工敷设管道光缆工程量（单位为千米条）：

光缆敷设长度＝400×(1＋0.5%)＋25＋5＝0.432（千米条）

(5) 长途光缆接续工程量（单位为头）：数量＝1头

根据以上统计计算，汇总工程量如表5-12所示。

表5-12 工程量汇总

序 号	定额编号	工程量名称	单 位	数 量
1	TXL1-003	管道光(电)工程施工测量	100m	4.000
2	TXL4-005	人工敷设塑料子管(5孔子管)	km	0.400
3	TXL4-006	布放光(电)缆人孔抽水(积水)	个	5.000
4	TXL4-011	敷设管道光缆(60芯以下)	千米条	0.432
5	TXL5-004	光缆接续(48芯以下)	头	1.000

5.2.1.3 填写表三甲、表三乙和表三丙

根据工程量汇总表中的定额，参照附录二中的机械、仪表台班单价定额，分别填写表三甲、表三乙和表三丙。

(1) 建筑安装工程量预算表（表三甲），表格编号为XLGL3J，如表5-13所示。

(2) 建筑安装工程施工机械使用费预算表（表三乙），表格编号为XLGL3Y，如表5-14所示。

(3) 建筑安装工程施工仪器仪表使用费预算表（表三丙），表格编号为XLGL3B，如

表5-15所示。

表 5-13 建筑安装工程量预算表（表三甲）

工程名称：×××长途干线管道穿光缆工程 建设单位名称：×××电信局 表格编号：XLGL3J 第 页

序号	定额编号	项目名称	单位	数量	单位定额值		合计值	
					技工	普工	技工	普工
Ⅰ	Ⅱ	Ⅲ	Ⅳ	Ⅴ	Ⅵ	Ⅶ	Ⅷ	Ⅸ
1	TXL1-003	管道光(电)工程施工测量	100m	4.000	0.50	0.00	2	0
2	TXL4-005	人工敷设塑料子管(5孔子管)	km	0.400	14.58	27.66	5.83	11.06
3	TXL4-006	布放光(电)缆人孔抽水(积水)	个	5.000	0.00	1.0	0	5
4	TXL4-011	敷设管道光缆(60芯以下)	千米条	0.432	16.03	30.7	6.92	13.26
5	TXL5-004	光缆接续(48芯以下)	头	1.000	8.58	0.00	8.58	0
6		合计					23.33	29.32
7		通信线路工程总工日在100以下时，增加15%					3.50	4.40
8		总计					26.83	33.72

设计负责人：××× 审核：××× 编制：××× 编制日期：××××年×月×日

表 5-14 建筑安装工程施工机械使用费预算表（表三乙）

工程名称：×××长途干线管道穿光缆工程 建设单位名称：×××电信局 表格编号：XLGL3Y

第 页

序号	定额编号	项目名称	单位	数量	机械名称	单位定额值		合计值	
						数量/台班	单价/元	数量/台班	合价/元
Ⅰ	Ⅱ	Ⅲ	Ⅳ	Ⅴ	Ⅵ	Ⅶ	Ⅷ	Ⅸ	Ⅹ
1	TXL4-006	布放光(电)缆人孔抽水(积水)	个	5.000	抽水机	0.20	57	1.00	57
2	TXL5-004	光缆接续(48芯以下)	头	1.000	光缆接续车	1.20	242	1.20	290.4
					汽油发电机(10kW)	0.60	290	0.60	174
					光纤熔接机	1.20	168	1.20	201.6
3		合计							723

设计负责人：××× 审核：××× 编制：××× 编制日期：××××年×月×日

表 5-15 建筑安装工程施工仪器仪表使用费预算表（表三丙）

工程名称：×××长途干线管道穿光缆工程 建设单位名称：×××电信局 表格编号：XLGL3B 第 页

序号	定额编号	项目名称	单位	数量	仪表名称	单位定额值		合计值	
						数量/台班	单价/元	数量/台班	合价/元
Ⅰ	Ⅱ	Ⅲ	Ⅳ	Ⅴ	Ⅵ	Ⅶ	Ⅷ	Ⅸ	Ⅹ
1	TXL4-011	敷设管道光缆(60芯以下)	千米条	0.432	光时域反射仪	0.20	306	0.09	27.54
2	TXL5-004	光缆接续(48芯以下)	头	1.000	光时域反射仪	1.60	306	1.60	489.6
3		合计							517.14

设计负责人：××× 审核：××× 编制：××× 编制日期：××××年×月×日

5.2.1.4 填写表四甲

(1) 主材用量。参考工程量汇总表中各定额需要的主要材料，若定额中主要材料是带有括号的和以分数表示的，表示供设计选用，应根据技术要求或工程实际需要来决定；而以“*”号表示的，是由设计确定其用量，需要结合工程实际确定其用量。各定额的主材用量如表 5-16 所示。

表 5-16 主材用量

序号	定额编号	项目名称	工程量	主材名称	规格型号	单位	定额量	主材用量
1	TXL4-005	人工敷设塑料子管(5 孔子管)	0.4km	聚乙烯塑料管	ϕ28/32mm	m	5050	2020.00
				固定堵头		个	60.75	24.30
				塞子		个	122.50	49.00
				镀锌铁线	ϕ1.5mm	kg	3.05	1.22
				镀锌铁线	ϕ4.0mm	kg	20.30	8.12
2	TXL4-011	敷设管道光缆(60 芯以下)	0.432 千米条	聚乙烯波纹管	100mm	m	26.70	11.53
				胶带(PVC)		盘	52.00	22.46
				镀锌铁线	ϕ1.5mm	kg	3.05	1.32
				镀锌铁线	ϕ4.0mm	kg	20.30	8.77
				光缆	GYTA-36B1	m	1015.00	438.48
				光缆托板	二线	块	48.50	20.95
				托板垫		块	48.50	20.95
3	TXL5-004	光缆接续(48 芯以下)	1.0 头	光缆接续器材		套	1.01	1.01
				光缆接头盒	36 芯	套	1.01	1.01

(2) 将表 5-16 中的同类材料合并，参照表 5-11 所示的设备主材单价及主材运距填写表四甲，表格编号为 XLGL4J，如表 5-17 所示。

表 5-17 国内器材预算表（表四甲）

（主要材料）表

工程名称：×××长途干线管道穿光缆工程 建设单位名称：×××电信局 表格编号：XLGL4J 第 页

序号	名称	规格程式	单位	数量	单价/元	合计/元	备 注
Ⅰ	Ⅱ	Ⅲ	Ⅳ	Ⅴ	Ⅵ	Ⅶ	Ⅷ
1	光缆	GYTA-48B1	m	438.48	6.00	2630.88	光缆
2	(1)小计					2630.88	
3	(2)运杂费:小计×1.2%					31.57	
4	(3)运输保险费:小计×0.1%					2.63	
5	(4)采购及保管费:小计×1.1%					28.94	
6	(5)采购代理服务费:不计					0	
7	合计 1					2694.02	
8	聚乙烯塑料管	ϕ28/32mm	m	2020.00	10.00	20200	塑料及塑料制品
9	固定堵头		个	24.30	1.00	24.3	
10	塞子		个	49.00	1.00	49	
11	聚乙烯波纹管	100mm	m	11.53	5.00	57.65	
12	胶带(PVC)		盘	22.46	4.00	89.84	
13	(1)小计					20420.79	
14	(2)运杂费:小计×4.3%					878.10	
15	(3)运输保险费:小计×0.1%					20.42	
16	(4)采购及保管费:小计×1.1%					224.63	
17	(5)采购代理服务费:不计					0	
18	合计 2					21543.94	

续表

序号	名称	规格程式	单位	数量	单价/元	合计/元	备　注
Ⅰ	Ⅱ	Ⅲ	Ⅳ	Ⅴ	Ⅵ	Ⅶ	Ⅷ
19	镀锌铁线	ϕ1.5mm	kg	2.54	5.00	12.7	
20	镀锌铁线	ϕ4.0mm	kg	16.89	5.00	84.45	
21	光缆托板	二线	块	20.95	3.00	62.85	
22	托板垫		块	20.95	6.00	125.7	
23	光缆接续器材		套	1.01	10.00	10.1	
24	光缆接头盒	48芯	套	1.01	90.00	90.9	其他
25	(1)小计					386.7	
26	(2)运杂费:小计×3.6%					13.97	
27	(3)运输保险费:小计×0.1%					0.39	
28	(4)采购及保管费:小计×1.1%					4.27	
29	(5)采购代理服务费:不计					0	
30	合计 3					405.33	
31	合　计					24643.29	

设计负责人：×××　　审核：×××　　编制：×××　　编制日期：××××年×月×日

5.2.1.5　填写表二

按照题中给定的已知条件，确定每项费用的费率及计费基础，还必须时刻注意费用定额中的注解和说明，同时要填写表中的“依据和计算方法”栏。另外，从表三乙可以看出，本工程使用的光缆接续车属于大型施工机械，总吨位为 4t，要计取“大型施工机械调遣费”；工程施工地为城区，所以无“特殊地区施工增加费”；计算税金时，要在直接工程费中将光缆的预算价核减。表二的表格编号为 XLGL2，如表 5-18 所示。

表 5-18　建筑安装工程费用预算表（表二）

工程名称：×××长途干线管道穿光缆工程

建设单位名称：×××电信局　　表格编号：XLGL2　　第　页

序号	费用名称	依据和计算方法	合计/元
Ⅰ	Ⅱ	Ⅲ	Ⅳ
	建筑安装工程费	一＋二＋三＋四	33145.01
一	直接费	(一)＋(二)	30364.11
(一)	直接工程费	1＋2＋3＋4	27885.88
1	人工费	(1)＋(2)	1928.52
(1)	技工费	技工总工日 (26.83)×48.00	1287.84
(2)	普工费	普工总工日 (33.72)×19.00	640.68
2	材料费	(1)＋(2)	24717.22
(1)	主要材料费	(表四甲)	24643.29
(2)	辅助材料费	主要材料费×0.3%	73.93
3	机械使用费	(表三乙)	723
4	仪表使用费	(表三丙)	517.14
(二)	措施费	1＋2＋3＋…＋16	2478.23
1	环境保护费	人工费×1.5%	28.94
2	文明施工费	人工费×1.0%	19.29
3	工地器材搬运费	人工费×5.0%	96.45
4	工程干扰费	人工费×6.0%	115.74
5	工程点交、场地清理费	人工费×5.0%	96.45
6	临时设施费	人工费×10.0%	192.9
7	工程车辆使用费	人工费×6.0%	115.74
8	夜间施工增加费	人工费×3.0%	57.87
9	冬雨季施工增加费	人工费×2.0 %	38.58
10	生产工具用具使用费	人工费×3.0%	57.87
11	施工用水电蒸汽费	400(给定)	400
12	特殊地区施工增加费	不计	0
13	已完工程及设备保护费	不计(给定)	0
14	运土费	不计(给定)	0
15	施工队伍调遣费	106×5×2	1060
16	大型施工机械调遣费	2×0.62×40×4	198.4

续表

序号	费用名称	依据和计算方法	合计/元	序号	费用名称	依据和计算方法	合计/元
Ⅰ	Ⅱ	Ⅲ	Ⅳ	Ⅰ	Ⅱ	Ⅲ	Ⅳ
二	间接费	(一)+(二)	1195.98	4	危险作业意外伤害保险费	人工费×1.0%	19.29
(一)	规费	1+2+3+4	617.28	(二)	企业管理费	人工费×30.0%	578.7
1	工程排污费	不计(给定)	0	三	利润	人工费×30.0%	578.7
2	社会保障费	人工费×26.81%	517.16	四	税金	(一+二+三)×3.41%(核减光缆的预算价)	1006.22
3	住房公积金	人工费×4.19%	80.83				

5.2.1.6　填写表五甲

(1) 勘察费：本工程的勘察总长为光缆路由的长度=400m=0.40km。查本书表4-32可知，管道光缆线路工程的勘察费为2000.00元；线路及管道工程二阶段施工图设计的勘察费=2000.00×40%=800元。

(2) 设计费：经双方约定为1200元。

(3) 工程建设其他费用预算表（表五甲）的表格编号为XLGL5J，如表5-19所示。

表5-19　工程建设其他费用预算表（表五甲）

单项工程名称：×××长途干线管道穿光缆工程

建设单位名称：×××电信局　　表格编号：XLGL5J　　第　页

序号	费用名称	计算依据及方法	金额/元	备注
Ⅰ	Ⅱ	Ⅲ	Ⅳ	Ⅴ
1	建设用地及综合赔补费	2000(给定)	2000	
2	建设单位管理费	建筑安装工程费×1.5%	497.18	给定计费基础为建筑安装工程费
3	可行性研究费	不计(给定)	0	
4	研究试验费	不计(给定)	0	
5	勘察设计费	勘察费+设计费	2000	勘察费:800.00元,设计费:1200元
6	环境影响评价费	不计(给定)	0	
7	劳动安全卫生评价费	300(给定)	300	
8	建设工程监理费	1800(给定)	1800	
9	安全生产费	建筑安装工程费×1.0%	331.45	建筑安装工程费为33145.01元(见表5-18)
10	工程质量监督费	已取消	0	
11	工程定额测定费	已取消	0	
12	引进技术和引进设备其他费	无	0	
13	工程保险费	不计(给定)	0	
14	工程招标代理费	不计(给定)	0	
15	专利及专用技术使用费	不计(给定)	0	
16	总计		6928.63	
17	生产准备及开办费(运营费)	不计(给定)	0	

设计负责人：×××　　审核：×××　　编制：×××　　编制日期：××××年×月×日

5.2.1.7　填写表一

由于本工程没有购置设备、工器具，建筑安装工程费就是工程费；另外，本工程编制的是施工图预算，可以不列支预备费。工程预算总表（表一）的表格编号为XLGL1，如

表 5-20 所示。

表 5-20 工程预算总表（表一）

建设项目名称：×××市电信公司接入网　　工程名称：×××长途干线管道穿光缆工程

建设单位名称：×××电信局　　表格编号：XLGL1　　第　页

序号	表格编号	费用名称	小型建筑工程费	需要安装的设备费	不需要安装的设备、工器具费	建筑安装工程费	其他费用	总价值	
			/元					人民币/元	其中外币/()
Ⅰ	Ⅱ	Ⅲ	Ⅳ	Ⅴ	Ⅵ	Ⅶ	Ⅷ	Ⅸ	Ⅹ
1	XLGL2	工程费				33145.01		33145.01	
2	XLGL5J	工程建设其他费					6928.63	6928.63	
3		合计						40073.64	
4		总计						40073.64	

设计负责人：×××　审核：×××　编制：×××　编制日期：××××年×月×日

5.2.1.8 撰写预算编制说明

（1）工程概况：本工程为××干线管道穿光缆单项工程，按二阶段设计编制施工图预算。工程共敷设单模 48 芯管道长途光缆 0.432km，预算总价值为 40073.64 元；总工日 60.55 工日，其中技工工日 26.83 工日，普工工日 33.72 工日。

（2）编制依据：

① 施工图设计图样及说明。

② 工业与信息产业部［2008］75 号关于发布《通信建设工程概算、预算编制办法及费用定额》。

③ ××市电信管理局物资处编制的《××市电信建设工程概算、预算常用电信器材基础价格目录》。

④ 通信建设工程预算定额第四册《通信线路工程》。

⑤ 通信建设工程施工机械、仪表台班定额。

（3）工程技术经济指标分析：本单项工程总投资 40073.64 元。其中建筑安装工程费 33145.01 元；工程建设其他费 6928.63 元。敷设单模光缆 20.74 芯千米＝48 芯×0.432km，平均每芯千米造价 1932.19 元＝40073.64/20.74 元。

（4）其他需说明的问题（略）。

5.2.2 电信分公司进局管道施工图预算

5.2.2.1 已知条件

（1）工程概况。本工程为×××电信分公司进局管道工程，其中新建 4×1 孔 ϕ110 塑料管道 40m；新建 2×2 孔 ϕ110 塑料管道 25m；机械顶管 ϕ80 钢管（4×1）45m；新建（2×2）ϕ110 塑料管道 10m 出土；新建人孔井 1.2×1.7×1.8（内宽×内长×内高）3 个。另外，新建 4×1 孔塑料管道基础应加筋；塑料管道新建 2×2 孔基础不加筋。开人孔窗口一个，人孔坑内有积水。

（2）本设计为施工图设计。施工地点在城区，施工企业距施工现场 20km。

（3）设计图样及说明。

① ×××电信分公司进局管道工程图，如图 5-2 所示。

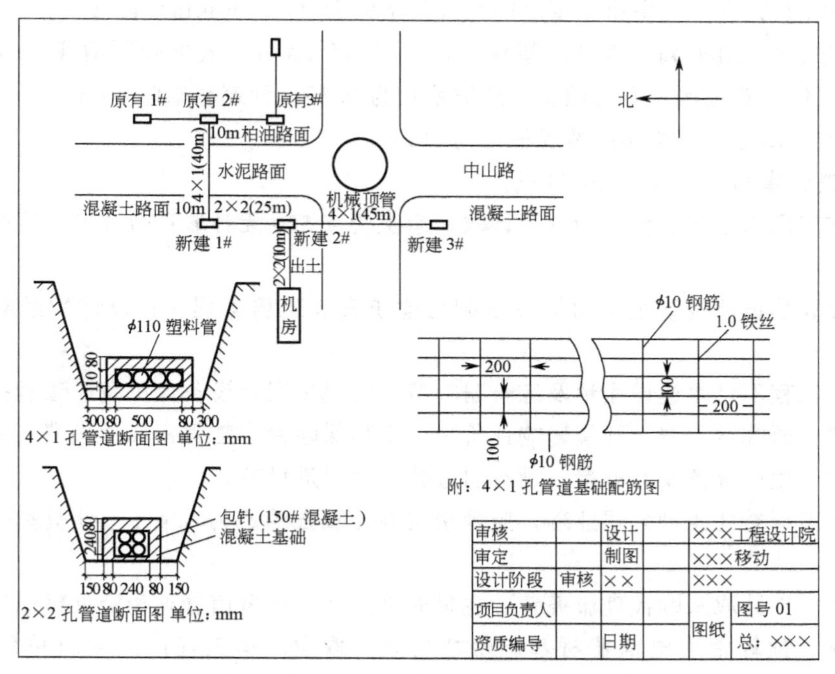

图 5-2 ×××电信分公司进局管道工程图

② ×××电信分公司进局管道工程纵断面图，如图 5-3 所示。

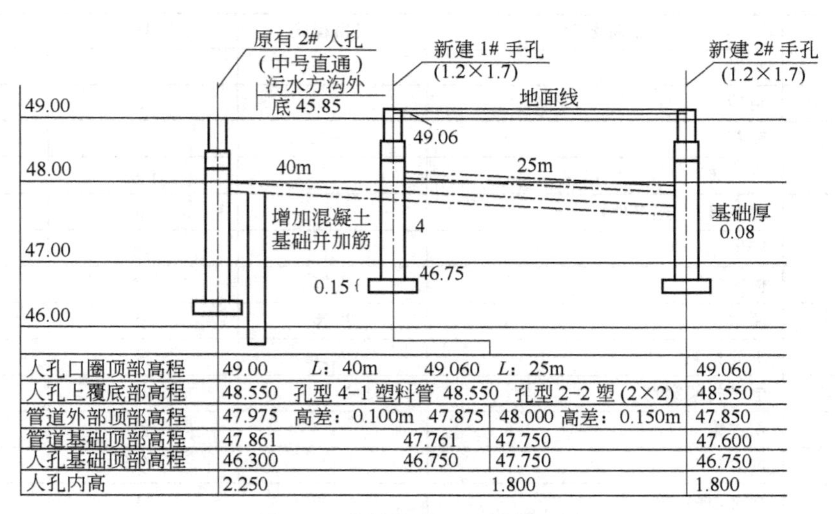

图 5-3 进局管道工程纵断面图

③ 人孔井规格 1.2×1.7×1.8（内宽×内长×内高）。

施工图纸说明如下。

① 图纸中的管道长度是指路由长度（人孔中心～人孔中心）。

② 开挖路面类别：

a. 原有 2# 人孔（人孔中心至人孔外墙壁长边 940mm）至新建 1# 人孔间柏油路面（厚 250mm）10m、水泥路面（厚 150mm）20m、混凝土路面（厚 150mm）10m；

b. 新建 1# 人孔～新建 2# 人孔间为混凝土路面（厚 150mm）25m；

c. 新建 2＃人孔～机房出土管之间为混凝土路面（厚 150mm）10m。

③ 原有 2＃人孔开窗口 1 处。新建 2＃井～新建 3＃井人孔之间顶钢管（ϕ110）45m。

④ 人孔坑、管道沟土质为硬土，放坡系数为 0.33；管道基础厚 80mm。

⑤ 手推车倒运土，按实际情况核定为 30m^3。

⑥ 塑料管道固定用 ϕ10mm 圆钢。

(4) 施工用水电蒸汽费按 200 元计取；运土费按 500 元计取；劳动安全卫生评价费按 300 元计取。

(5) 计算建设单位管理费时计费基础为建筑安装工程工程费；设计费经双方约定为 2000 元。

(6) 本工程不计取建设用地及综合赔补费、已完工程及设备保护费、工程排污费、可行性研究费、研究试验费、环境影响评价费、工程保险费、工程招标代理费、专利及专用技术使用费、生产准备及开办费；没有引进技术和引进设备。

(7) 本工程委托监理公司监理，监理费费率经双方约定为 4.4%，计费基础为建筑安装工程费。

(8) 主材不计取采购代理服务费。主材原价按××市电信管理物资处编制的《电信建设工程概算、预算常用电信器材基础价格目录》取定。本工程用的主材单价如表 5-21 所示。

表 5-21 主材单价

序号	主材名称	规格程式	单位	单价/元
1	水泥	32.5	t	450.00
2	粗砂		t	40.00
3	碎石	5～32	t	35.00
4	机制砖		千块	250.00
5	塑料管(含连接件)		m	15.00
6	PVC 胶		kg	15.00
7	板方材	Ⅲ等	m^3	1200.00
8	原木	Ⅲ等	m^3	1000.00
9	电缆托架	120cm	根	12.00
10	电缆托架穿钉	M16	副	4.00
11	积水罐		套	85.00
12	拉力环		个	12.00
13	管材(直)		根	15.00
14	管材(弯)		根	18.00
15	钢管卡子		副	10.00
16	圆钢	ϕ6	kg	2.50
17	圆钢	ϕ10	kg	3.00
18	圆钢	ϕ14	kg	3.00
19	圆钢	ϕ8	kg	2.50
20	镀锌无缝钢管	ϕ60	m	20.00
21	管箍		个	5.00
22	人孔口圈(车行道)		套	785.00

（9）主材运距：水泥及水泥构件按 120km 计取；木材及木材制品按 30km 计取；塑料及塑料制品按 40km 计取；其他主材按 150km 计取。

5.2.2.2　工程量统计计算

（1）管道施工图测量工程量　路由总长度＝40＋25＋45＋10＝120（m）＝0.12km

（2）人孔坑体积的计算

① 人孔坑深度的计算。根据图 5-3 所示的管道高程，人孔坑深度 $H=H_{新1}=H_{新2}=H_{新3}=49.06-46.75+0.15=2.46$（m）。

② 人孔坑底面积的计算。根据图 5-4 所示的人手孔结构，人孔坑底面积 $S=S_{新1}=S_{新2}=S_{新3}=ab$＝（人孔外壁长＋0.4×2）（人孔外壁宽＋0.4×2）＝（2.18＋0.8）×（1.68＋0.8）＝7.39（m^2）。

③ 人孔坑上口面积的计算。根据人孔结构图和放坡系数 $i=0.33$，人孔坑上口面积 $A=A_{新1}=A_{新2}=A_{新3}=(a+2Hi)(b+2Hi)=[(2.18+0.8)+2\times2.46\times0.33]\times[(1.68+0.8)+2\times2.46\times0.33]=4.60\times4.10=18.86$（$m^2$）。

④ 人孔坑体积的计算。

a. 人孔坑体积：$V=V_{新1}=V_{新2}=V_{新3}=(H/3)\{ab+(a+2Hi)(b+2Hi)+[(ab)\times(a+2Hi)(b+2Hi)]^{\frac{1}{2}}\}=(H/3)[S\times A+(S\times A)^{1/2}]=(2.46/3)\times[7.39+18.86+(7.39\times18.86)^{\frac{1}{2}}]=31.21$（$m^3$）。

b. 新建 1＃、2＃、3＃人孔坑体积之和：$V_{坑}=V_{新1}=V_{新2}=V_{新3}=3V=3\times31.21=93.63$（$m^3$）。

（3）管道沟体积的计算

① 原有 2＃人孔—新建 1＃人孔间管道沟体积的计算。

a. 管道沟平均深度 $H_{1平均}$＝（原人孔处沟深＋1＃人孔处沟深）/2＝$(H_{原}+H_1)/2=(1.219+1.379)/2=1.299$（m）。

式中，$H_{原}$＝原人孔顶盖高程－管道基础顶部高程＋管道基础厚度＝49－47.861＋0.08＝1.219m；H_1＝1＃人孔顶盖高程－管道基础顶部高程＋管道基础厚度＝49.06－47.761＋0.08＝1.379m。

b. 管道沟底宽度计算。当沟底宽度大于 630mm 时，两侧操作空间 600mm（每侧各 300mm）；当沟底宽度小于 630mm 时，两侧操作空间 300mm（每侧各 150mm）。根据图 5-2 所示，4×1 孔塑料管道基础宽度为 660mm，所以开挖沟底宽度为 $B_1=0.66+0.3\times2=1.26$（m）。

c. 管道沟长度的计算。管道沟长度按原人孔外壁至 1＃人孔坑中点间距计取，$L_1=40-0.94-(0.84+0.4+2.46\times0.33/2)=40-0.94-1.65=37.41$（m）。

d. 管道沟体积的计算。$V_1=(B+H_{平}\ i)H_{平}\ L_1=(1.26+1.299\times0.33)\times1.299\times37.41=1.689\times1.299\times37.41=82.13$（$m^3$）。

② 1＃人孔—2＃人孔间管道沟体积的计算。

a. 管道沟平均深度的计算。$H_{2平均}$＝（1＃人孔沟深＋2＃人孔沟深）/2＝$(H_1+H_2)/2=(1.379+1.54)/2=1.460$（m）。

式中，$H_1=49.06-47.761+0.08=1.379$（m）；$H_2=49.06-47.60+0.08=1.54$（m）。

b. 管道沟底宽度计算。根据图 5-2 所示，基础宽＝0.4m（小于 0.63m），管道沟底宽

度 $B_2=0.4+0.15\times2=0.7$（m）。

c. 管道沟长度的计算。沟长 $L_2=1$＃坑中点—2＃坑中点间距，$L_2=25-(1.09+0.4+2.46\times0.33/2)-(1.09+0.4+2.46\times0.33/2)=25-3.7918=21.21$（m）。

d. 1＃人孔—2＃人孔管道沟体积计算。$V_2=(B_2+H_{2平均}\ i)H_{2平均}\ L_2=(0.7+1.46\times0.33)\times1.46\times21.21=1.18\times1.46\times21.21=36.54$（m）。

③ 新建2＃人孔—出土管间管道沟体积的计算。

a. 管道沟平均深度的计算。根据图5-3所示可知，$H_{3平均}=1.5$（m）。

b. 管道沟底宽度计算。$B_3=0.4+0.15\times2=0.7$（m）。

c. 管道沟长度的计算。沟长 $L_3=2$＃坑中点—出土管间距，$L_3=10-(0.84+0.4+2.46\times0.33/2)=10-1.65=8.35$（m）。

d. 2＃人孔—出土管管道沟体积的计算。$V_3=(B_3+H_{3平均}\ i)\ H_{3平均}\ L_3=(0.7+1.5\times0.33)\times1.5\times8.35=14.97(m^3)$。

④ 原人孔井—1＃人孔井—2＃人孔井—出土管道沟体积合计。$V_{管}=V_1+V_2+V_3=82.13+36.54+14.97=133.64$（$m^3$）。

（4）路面层面积的计算

① 4×1孔塑料管道路面面积。

a. 柏油路面面积。路面长度 $L_1=10-0.94=9.06$（m）（其中：0.94为已知条件给定）；路面宽度 $b_1=(0.66+0.3\times2)+2Hi=1.26+(2\times1.299\times0.33)=2.12$（m）。

柏油路面面积 $A_1=b_1L_1=2.12\times9.06=19.21$（$m^2$）。

b. 水泥路面面积。路面宽度与柏油路相同；路面长度 $L_2=20$（m）。

水泥路面面积 $A_2=b_1L_2=2.12\times20=42.4$（$m^2$）。

c. 混凝土路面面积。路面宽度与柏油路相同；路面长度 $L_3=10-(0.84+0.4+2.46\times0.33/2)=8.35$（m）（其中：0.84为1＃人孔中心—1＃人孔外壁间距离）。

混凝土路面面积 $A_3=b_1L_3=2.12\times8.35=17.702$（$m^2$）。

② 2×2孔塑料管道沟路面面积。

a. 1＃人孔—2＃人孔混凝土路面面积。根据给定已知条件，混凝土路面厚度150mm；路面宽度 $b_2=(0.4+0.15\times2)+2Hi=0.7+2\times1.46\times0.33=1.66$（m）；长度 $L_4=25-(2.18+0.4\times2+2.46\times0.33\times2)=20.4$（m）。

混凝土路面面积 $A_4=b_2L_4=1.66\times20.4=33.86$（$m^2$）。

b. 2＃人孔—出土管混凝土路面面积。混凝土路面厚度150mm；路面宽度 $b_3=(0.4+0.15\times2)+2Hi=0.7+(2\times1.46\times0.33)=1.66$（m）；长度 $L_5=10-(0.84+0.4+2.46\times0.33)=7.95$（m）。

混凝土路面面积 $A_5=b_3L_5=1.66\times7.95=13.2$（$m^2$）。

③ 人孔路面面积。根据给定已知条件和图可知，1＃、2＃、3＃人孔坑尺寸相同，且为混凝土路面，厚度为150mm。人孔坑混凝土路面长度 $a=2.18+0.4\times2+2Hi=2.18+0.8+2\times2.46\times0.33=4.604$（m）；人孔坑混凝土路面宽 $b=1.68+0.4\times2+2Hi=1.68+0.8+2\times2.46\times0.33=4.104$（m）。

人孔坑混凝土路面总面积 $A_6=ab\times3=4.604\times4.104\times3=56.68$（$m^2$）。

④ 混凝土路面总面积。$A_{混}=A_3+A_4+A_5+A_6=17.702+33.86+13.2+56.68=$

121.442 (m^2)。

(5) 路面层体积的计算

① 柏油路面层体积。根据给定已知条件，柏油路面厚度 $h_1=250mm$；柏油路面面积 $A_1=19.21m^2$。

柏油路面层体积 $V_1=A_1h_1=19.21\times0.25=4.80$ (m^3)。

② 水泥路面层体积。根据给定已知条件，水泥路面厚度 $h_2=150mm$；水泥路面面积 $A_2=42.4m^2$。

水泥路面层体积 $V_2=A_2h_2=42.4\times0.15=6.36$ (m^3)。

③ 混凝土路面层体积。根据给定已知条件，混凝土路面厚度 150mm；混凝土路面面积 $A_3=121.44m^2$。

混凝土路面层体积 $V_3=A_3h_3=121.44\times0.15=18.22$ (m^3)。

④ 路面层总体积

$$V_{层}=V_1+V_2+V_3=4.8+6.36+18.22=29.38\ (m^3)$$

(6) 开挖总土方量（硬土） $V_{总}$=(人孔总体积+管道沟总体积)－路面层总体积=$V_{坑}+V_{管}-V_{层}=93.63+133.64-29.38=197.89$ (m^3)。

(7) 夯回填土方量体积

① 三人孔体积。$V_{3孔}=V_1=(2.18\times1.68\times2.10)\times3=23.07$ (m^3)。

式中，2.10 为人孔上覆顶至基础底间距。

② 4×1 孔塑料管道体积。管道宽 $b=0.66m$；管道高 $h=0.27m$；管道长 L=原井人孔外壁至 1# 人孔外壁间距=40－0.94－0.84=38.22 (m)。

4×1 孔塑料管道体积 $V_2=bhL=0.66\times0.27\times38.22=6.81$ (m^3)。

③ 2×2 孔塑料管道体积。管道宽 $b=0.4m$；管道高 $h=0.4m$；管道长 L_1=1# 人孔外壁至 2# 人孔外壁间距=25－1.09×2=22.82 (m)；管道长 L_2=2# 人孔外壁至出土管间距=10－0.84=9.16 (m)。

2×2 孔塑料管道体积 $V_3=bh(L_1+L_2)=0.4\times0.4\times(22.82+9.16)=5.12$ (m^3)。

④ 夯回填原土总体积。

$V_{回}$=开挖总土方量－(人孔体积+管道体积)=$V_{总}-(V_1+V_2+V_3)=197.89-(23.07+6.81+5.12)=162.89$ (m^3)。

(8) 做 4×1 孔管道混凝土基础（150# 水泥） 4×1 孔塑料管道基础长 $L=40-0.94\times2=38.22$ (m) ≈0.382 (100m)；管道基础宽 0.66m 折合 TX2-006 子目基础宽 (0.615m) 的系数为 0.66/0.615=1.07，按该定额计算即可。

(9) 做 2×2 管道混凝土基础（150# 水泥） 基础长 L=1# 人孔外壁至 2# 人孔外壁之间距加上 2# 人孔外壁至出土管间距=35－1.09×2－0.84=31.98 (m) ≈0.32 (100m)；基础宽 0.4m 折合 TX2-002 子目基础宽 (0.35m) 的系数为 0.4/0.35=1.14，按该定额计算即可。

(10) 4×1 孔塑料管道基础加筋 基础加筋长度 $L=38.22-2\times2.0=34.22$ (m) ≈0.342 (100m)

式中，38.22 为管道基础总长度，2.0 为进人孔井两侧基础钢筋。

(11) 敷设 4×1 孔塑料管道工程量 敷设管道长度 $L_1=40m=0.40$ (100m)

(12) 敷设 2×2 孔塑料管道工程量 L_2=1# 人孔至 2# 人孔敷设管道长度+2# 人孔

至出土管=25+10=0.35（100m）

（13）塑料管道填水泥砂浆　填砂浆体积$V_{砂浆}$=4×1孔塑料管道体积+2×2孔塑料管道体积=V_2+V_3=6.79+5.12=11.91（m^3）

（14）管道混凝土包封（150#）工程量

① 4×1孔塑料管道包封混凝土体积。侧包封V_1=（0.08×0.11×38.22）×2=0.673（m^3）；顶包封V_2=0.08×0.66×38.22=2.02（m^3）。

包封合计$V_{4\times1}=V_1+V_2$=0.673+2.02=2.693（m^3）。

② 2×2孔塑料管道包封混凝土体积。侧包封V_1=（0.08×0.24×31.98）×2=1.23（m^3）；顶包封V_2=0.08×0.4×31.98=1.02（m^3）。

③ 包封混凝土体积合计$V_{2\times2}=V_1+V_2$=1.23+1.02=2.25（m^3）。

④ 管道包封混凝土合计。

$$V_{总}=V_{4\times1}+V_{2\times2}=2.693+2.25=4.95\ (m^3)$$

（15）砖砌人孔3个　人孔尺寸：1.7m×1.2m×1.8m（长×宽×高）。

（16）人孔壁开窗口　1处（砖砌）。

（17）机械顶管45m

（18）手推车倒运土方　设计给定（路面总体积）30m^3。

根据以上统计计算，汇总工程量如表5-22所示。

表5-22　工程量汇总

序号	定额编号	项目名称	单位	数量	备注
1	TGD1-001	施工测量	km	0.120	通信管道施工测量
2	TGD1-003	开挖柏油路面(250mm)	100m^2	0.192	原2#人孔—中山路之间
3	TGD1-002	开挖水泥路面(150mm)	100m^2	0.424	中山路路面
4	TGD1-002	开挖混凝土路面(150mm)	100m^2	1.214	中山路—1#人孔之间;1#人孔—2#人孔之间;2#人孔—出土管之间;3个人孔
5	TGD1-016	开挖管道沟及人孔坑土方(硬土)	100m^3	1.98	不含路面厚度
6	TGD1-028	手推倒运土方	100m^3	0.30	给定
7	TGD1-023	回夯填原土	100m^3	1.63	
8	TGD2-017	做(4×1)塑料管管道基础150#混凝土	100m	0.382	基础厚0.08m,宽0.66m
9	TGD2-009	做(2×2)塑料管管道基础150#混凝土	100m	0.32	基础厚0.08m,宽0.40m
10	TGD2-063	敷设(4×1)塑料管管道	100m	0.40	PVC塑料管ϕ110mm
11	TGD2-063	敷设(2×2)塑料管管道	100m	0.35	PVC塑料管ϕ110mm
12	TGD2-090	管道包封150#混凝土	m^3	4.95	
13	TGD3-001	砖砌人孔(现场浇筑上覆)	个	3	1.7m×1.2m×1.8m(长×宽×高)
14	TGD2-038	(4×1)塑料管管道基础加筋	100m	0.342	加筋长度=基础长−4m
15	TGD4-015	人孔开窗口	个	1	砖墙(给定)
16	TGD2-087	塑料管管道填水泥砂浆1∶2.5	m^3	11.91	管间缝隙填水泥砂浆
17	TXL2-123	机械顶管	m	180	4×1孔钢管总长=4×45m=180m
18	TGD1-034	人孔坑抽水(弱水流)	个	3	
19	TGD1-030	安装挡土板(人孔坑)	10个	0.3	
20	TXL4-042	安装引上钢管(墙上)	根	4	出土管

5.2.2.3 填写表三甲和表三乙

根据工程量汇总表中的定额，参照附录二中的机械台班单价定额，分别填写表三甲和表三乙。由于该工程定额没有使用计费的仪器、仪表，因此缺省建筑安装工程仪器仪表使用费预算表（表三丙）。

（1）建筑安装工程量预算表（表三甲），表格编号为 GDGL3J，如表 5-23 所示。

（2）建筑安装工程施工机械使用费预算表（表三乙），表格编号为 GDGL3Y，如表 5-24 所示。

表 5-23 建筑安装工程量预算表（表三甲）

工程名称：×××电信分公司进局管道工程

建设单位名称：×××电信局　　表格编号：GDGL3J　　第　页

序号	定额编号	项目名称	单位	数量	单位定额值		合计值	
					技工	普工	技工	普工
Ⅰ	Ⅱ	Ⅲ	Ⅳ	Ⅴ	Ⅵ	Ⅶ	Ⅷ	Ⅸ
1	TGD1-001	施工测量	km	0.120	30.00	0.00	3.6	0
2	TGD1-003	开挖柏油路面(250mm)	$100m^2$	0.192	16.16	104.80	3.10	20.12
3	TGD1-002	开挖水泥路面(150mm)	$100m^2$	1.638	6.88	61.92	11.27	101.43
4	TGD1-016	开挖管道沟及人孔坑(硬土)	$100m^3$	1.98	0.00	43.00	0	85.14
5	TGD1-028	手推倒运土方	$100m^3$	0.30	1.00	16.00	0.3	4.8
6	TGD1-023	回夯填原土	$100m^3$	1.63	0	26	0	42.38
7	TGD2-017	做(4×1)塑料管管道基础 150＃混凝土	100m	0.382	7.97	11.96	3.04	4.57
8	TGD2-009	做(2×2)塑料管管道基础 150＃混凝土	100m	0.32	5.48	8.21	1.75	2.63
9	TGD2-063	敷设(4×1)塑料管管道	100m	0.75	2.13	3.19	1.60	2.39
10	TGD2-090	管道包封 150＃混凝土	m^3	4.95	1.74	1.74	8.6	8.61
11	TGD3-001	砖砌人孔(现场浇筑上覆)	个	3	9.99	12.2	29.97	36.6
12	TGD2-038	(4×1)塑料管管道基础加筋	100m	0.342	0.99	1.49	0.34	0.51
13	TGD4-015	人孔开窗口	个	1	0	2	0	2
14	TGD2-087	塑料管管道填水泥砂浆 1∶2.5	m^3	11.91	1.54	1.54	18.34	18.34
15	TXL2-123	机械顶管	m	180	0.6	0.2	108	36
16	TGD1-034	人孔坑抽水(弱水流)	个	3	0.5	3.5	1.5	10.5
17	TGD1-030	安装挡土板(人孔坑)	10 个	0.3	1.72	1.72	0.52	0.52
18	TXL4-042	安装引上钢管(墙上)	根	4	0.35	0.35	1.4	1.4
19		总计					193.35	377.94

设计负责人：×××　　审核：×××　　编制：×××　　编制日期：××××年×月×日

表 5-24 建筑安装工程施工机械使用费预算表（表三乙）

工程名称：×××电信分公司进局管道工程

建设单位名称：×××电信局　　表格编号：GDGL3Y　　第　页

序号	定额编号	项 目 名 称	单位	数量	机 械 名 称	单位定额值		合计值	
						数量/台班	单价/元	数量/台班	合价/元
Ⅰ	Ⅱ	Ⅲ	Ⅳ	Ⅴ	Ⅵ	Ⅶ	Ⅷ	Ⅸ	Ⅹ
1	TGD1-003	开挖柏油路面(250mm)	$100m^2$	0.192	燃油式路面切割机	0.70	121	0.13	16.26
					燃油式空气压缩机(含风镐)$6m^3/min$	2.50	330	0.48	158.4
2	TGD1-002	开挖水泥路面(150mm)	$100m^2$	1.638	燃油式路面切割机	0.70	121	1.15	138.74
					燃油式空气压缩机(含风镐)$6m^3/min$	1.50	330	2.46	810.81

续表

序号	定额编号	项目名称	单位	数量	机械名称	单位定额值		合计值	
						数量/台班	单价/元	数量/台班	合价/元
Ⅰ	Ⅱ	Ⅲ	Ⅳ	Ⅴ	Ⅵ	Ⅶ	Ⅷ	Ⅸ	Ⅹ
3	TGD1-034	人孔坑抽水(弱水流)	个	3	污水泵	4.00	56	12	672
4	TXL2-123	机械顶管	m	180	液压顶管机(5t)	0.20	348	36	12528
5		合计							14324.21

设计负责人：××× 审核：××× 编制：××× 编制日期：××××年×月×日

5.2.2.4 填写表四甲

(1) 主材用量。参考工程量汇总表中各定额需要的主要材料，若定额中主要材料是带有括号的和以分数表示的，表示供设计选用，应根据技术要求或工程实际需要来决定；而以“*”号表示的，是由设计确定其用量，需要结合工程实际确定其用量。各定额的主材用量如表 5-25 所示。

表 5-25 主材用量

序号	定额编号	项目名称	工程量	主材名称	规格型号	单位	定额量	主材用量
1	TGD2-017	做(4×1)塑料管管道基础150#混凝土	0.382(100m)	水泥	32.5	t	1.53	0.58
				粗砂		t	3.48	1.33
				碎石	5～32	t	6.59	2.52
				圆钢	$\phi6$	kg	2.12	0.81
				圆钢	$\phi10$	kg	13.68	5.23
				板方材	Ⅲ等	m^3	0.10	0.04
2	TGD2-009	做(2×2)塑料管管道基础150#混凝土	0.32	水泥	32.5	t	0.71	0.23
				粗砂		t	2.21	0.71
				碎石	5～32	t	3.67	1.17
				圆钢	$\phi6$	kg	1.18	0.38
				圆钢	$\phi10$	kg	7.48	2.39
				板方材	Ⅲ等	m^3	0.09	0.03
3	TGD2-063	敷设(4×1)塑料管管道	0.75	塑料管(含连接件)		m	404.00	303
				PVC胶		kg	3.00	2.25
4	TGD2-090	管道包封150#混凝土	4.95	水泥	32.5	t	0.31	1.53
				粗砂		t	0.71	3.51
				碎石	5～32	t	1.34	6.63
				板方材	Ⅲ等	m^3	0.06	0.30
5	TGD3-001	砖砌人孔(现场浇筑上覆)	3	水泥	32.5	t	1.01	3.03
				粗砂		t	3.25	9.75
				碎石	5～32	t	1.82	5.46
				机制砖		千块	1.83	5.49
				圆钢	$\phi14$	kg	31.80	95.4
				圆钢	$\phi8$	kg	12.90	38.7
				板方材	Ⅲ等	m^3	0.03	0.09
				人孔口圈(车行道)		套	1.01	3.03
				电缆托架	120cm	根	6.06	18.18
				电缆托架穿钉	M16	副	12.12	36.36
				积水罐		套	1.01	3.03
				拉力环		个	2.02	6.06
6	TGD2-038	(4×1)塑料管管道基础加筋	0.342	钢筋	$\phi6$	kg	73.61	25.17
				钢筋	$\phi10$	kg	475.00	162.45

续表

序号	定额编号	项目名称	工程量	主材名称	规格型号	单位	定额量	主材用量
7	TGD2-087	塑料管管道填水泥砂浆 1∶2.5	11.91	水泥	32.5	t	0.49	5.84
				粗砂		t	1.51	17.98
8	TXL2-123	机械顶管	180	镀锌无缝钢管	ϕ60	m	1.01	181.8
				管箍		个	0.17	30.6
9	TGD1-030	安装挡土板(人孔坑)	0.3	板方材	Ⅲ等	m^3	0.45	0.14
				原木	Ⅲ等	m^3	0.35	0.11
10	TXL4-042	安装引上钢管(墙上)	4	管材(直)		根	1.01	4.04
				管材(弯)		根	1.01	4.04
				钢管卡子		副	2.02	8.08

(2) 将表 5-25 中的同类材料合并，参照表 5-21 所示的设备主材单价及主材运距填写表四甲，表格编号为 GDGL4J，如表 5-26 所示。

表 5-26 国内器材预算表（表四甲）

（主要材料）表

工程名称：×××电信分公司进局管道工程

建设单位名称：×××电信局　　表格编号：GDGL4J　　第　页

序号	名　称	规格程式	单位	数量	单价/元	合计/元	备　注
Ⅰ	Ⅱ	Ⅲ	Ⅳ	Ⅴ	Ⅵ	Ⅶ	Ⅷ
1	水泥	32.5	t	11.21	450.00	5044.5	水泥及水泥构件
2	粗砂		t	33.28	40.00	1331.2	
3	碎石	5～32	t	15.78	35.00	552.3	
4	机制砖		千块	5.49	250.00	1372.5	
5	(1)小计					8300.5	
6	(2)运杂费：小计×20.0%					1660	
7	(3)运输保险费：小计×0.1%					8.3	
8	(4)采购及保管费：小计×3.0%					249	
9	(5)采购代理服务费：不计					0	
10	合计 1					10217.8	
11	塑料管(含连接件)		m	303	15.00	4545	塑料及塑料制品
12	PVC 胶		kg	2.25	15.00	33.75	
13	电缆托架	120cm	根	18.18	12.00	218.16	
14	(1)小计					4796.91	
15	(2)运杂费：小计×4.3%					206.27	
16	(3)运输保险费：小计×0.1%					4.80	
17	(4)采购及保管费：小计×3.0%					143.91	
18	(5)采购代理服务费：不计					0	
19	合计 2					5151.89	
20	板方材	Ⅲ等	m^3	0.6	1200.00	720	木材及木制品
21	原木		m^3	0.11	1000.00	110	
22	(1)小计					830	
23	(2)运杂费：小计×8.4%					69.72	
24	(3)运输保险费：小计×0.1%					0.83	
25	(4)采购及保管费：小计×3.0%					24.9	
26	(5)采购代理服务费：不计					0	
27	合计 3					925.45	

续表

序号	名　称	规格程式	单位	数量	单价/元	合计/元	备　注
Ⅰ	Ⅱ	Ⅲ	Ⅳ	Ⅴ	Ⅵ	Ⅶ	Ⅷ
28	积水罐		套	3.03	85.00	257.55	其他
29	拉力环		个	6.06	12.00	72.72	
30	管材(直)		根	4.04	15.00	60.6	
31	管材(弯)		根	4.04	18.00	72.72	
32	钢管卡子		副	8.08	10.00	80.8	
33	圆钢	ϕ6	kg	32.99	2.50	82.48	
34	圆钢	ϕ10	kg	170.07	3.00	510.21	
35	圆钢	ϕ14	kg	95.4	3.00	286.2	
36	圆钢	ϕ8	kg	38.7	2.50	96.75	
37	镀锌无缝钢管	ϕ60	m	181.8	20.00	3636	
38	管箍		个	181.8	5.00	909	
39	人孔口圈(车行道)		套	3.03	785.00	2378.55	
40	(1)小计					8443.58	
41	(2)运杂费:小计×4.0%					337.72	
42	(3)运输保险费:小计×0.1%					8.443	
43	(4)采购及保管费:小计×3.0%					253.29	
44	(5)采购代理服务费:不计					0	
45	合计4					9043.03	
46	合　计					25338.17	

设计负责人：×××　审核：×××　编制：×××　编制日期：××××年×月×日

5.2.2.5　填写表二

按照题中给定的已知条件，确定每项费用的费率及计费基础，还必须时刻注意费用定额中的注解和说明，同时要填写表中的“依据和计算方法”栏。另外，从表三乙可以看出，本工程使用的液压顶管机属于大型施工机械，总吨位为5t，要计取“大型施工机械调遣费”；工程施工地为城区，所以无“特殊地区施工增加费”。表二的表格编号为GDGL2，如表5-27所示。

表5-27　建筑安装工程费用预算表（表二）

工程名称：×××电信分公司进局管道工程

建设单位名称：×××电信局　　表格编号：GDGL2　　第　页

序号	费用名称	依据和计算方法	合计/元	序号	费用名称	依据和计算方法	合计/元
Ⅰ	Ⅱ	Ⅲ	Ⅳ	Ⅰ	Ⅱ	Ⅲ	Ⅳ
	建筑安装工程费	一＋二＋三＋四	78887.23	(1)	主要材料费	(表四甲)	25338.17
一	直接费	(一)＋(二)	62787.04	(2)	辅助材料费	主要材料费×0.5%	126.69
(一)	直接工程费	1＋2＋3＋4	56250.73	3	机械使用费	(表三乙)	14324.21
1	人工费	(1)＋(2)	16461.66	4	仪表使用费	(表三丙)	0.00
(1)	技工费	技工总工日(193.35)×48.00	9280.8	(二)	措施费	1＋2＋3＋…＋16	6536.31
(2)	普工费	普工总工日(377.94)×19.00	7180.86	1	环境保护费	人工费×1.5%	246.93
				2	文明施工费	人工费×1.0%	164.62
2	材料费	(1)＋(2)	25464.86	3	工地器材搬运费	人工费×1.6%	263.39

续表

序号	费用名称	依据和计算方法	合计/元	序号	费用名称	依据和计算方法	合计/元
Ⅰ	Ⅱ	Ⅲ	Ⅳ	Ⅰ	Ⅱ	Ⅲ	Ⅳ
4	工程干扰费	人工费×6.0%	987.72	16	大型施工机械调遣费	2×0.62×20×5	124
5	工程点交、场地清理费	人工费×2.0%	329.24	二	间接费	(一)+(二)	9383.34
6	临时设施费	人工费×12.0%	1975.44	(一)	规费	1+2+3+4	5267.84
7	工程车辆使用费	人工费×2.6%	428.01	1	工程排污费	不计(给定)	0
8	夜间施工增加费	人工费×3.0%	493.86	2	社会保障费	人工费×26.81%	4413.46
9	冬雨季施工增加费	人工费×2.0 %	329.24	3	住房公积金	人工费×4.19%	689.76
10	生产工具用具使用费	人工费×3.0%	493.86	4	危险作业意外伤害保险费	人工费×1.0%	164.62
11	施工用水电蒸汽费	200(给定)	200	(二)	企业管理费	人工费×25.0%	4115.5
12	特殊地区施工增加费	不计	0	三	利润	人工费×25.0%	4115.5
13	已完工程及设备保护费	不计(给定)	0	四	税金	(一+二+三)×3.41%	2601.35
14	运土费	500(给定)	500				
15	施工队伍调遣费	不计(35km以内)	0				

5.2.2.6 填写表五甲

(1) 勘察费：本工程的勘察总长为路由的长度=120m=0.12km。查本书表4-32可知，通信管道工程的勘察费收费基价为1000.00元；线路及管道工程二阶段施工图设计的勘察费=1000.00×60%=600元。

(2) 设计费：经双方约定为2000元。

(3) 监理费费率经双方约定为4.4%，计费基础为建筑安装工程费。

(4) 工程建设其他费用预算表（表五甲）的表格编号为GDGL5J，如表5-28所示。

表5-28 工程建设其他费用预算表（表五甲）

单项工程名称：×××电信分公司进局管道工程

建设单位名称：×××电信局　　表格编号：GDGL5J　　第　页

序号	费用名称	计算依据及方法	金额/元	备注
Ⅰ	Ⅱ	Ⅲ	Ⅳ	Ⅴ
1	建设用地及综合赔补费	不计(给定)	0	
2	建设单位管理费	建筑安装工程费×1.5%	1183.31	给定计费基础为建筑安装工程费
3	可行性研究费	不计(给定)	0	
4	研究试验费	不计(给定)	0	
5	勘察设计费	勘察费+设计费	2600	勘察费:600.00元,设计费:2000元
6	环境影响评价费	不计(给定)	0	
7	劳动安全卫生评价费	300(给定)	300	
8	建设工程监理费	建筑安装工程费×4.4%(给定)	3471.03	建筑安装工程费为78887.23元(见表5-27)
9	安全生产费	建筑安装工程费×1.0%	788.87	
10	工程质量监督费	已取消	0	
11	工程定额测定费	已取消	0	
12	引进技术和引进设备其他费	无	0	

续表

序号	费用名称	计算依据及方法	金额/元	备注
Ⅰ	Ⅱ	Ⅲ	Ⅳ	Ⅴ
13	工程保险费	不计(给定)	0	
14	工程招标代理费	不计(给定)	0	
15	专利及专用技术使用费	不计(给定)	0	
	总　计		8343.21	
16	生产准备及开办费(运营费)	不计(给定)	0	

设计负责人：×××　　审核：×××　　编制：×××　　编制日期：××××年×月×日

5.2.2.7 填写表一

由于本工程没有购置设备、工器具，建筑安装工程费就是工程费；另外，本工程编制的是施工图预算，可以不列支预备费。工程（预）算总表（表一）的表格编号为GDGL1，如表5-29所示。

表5-29 工程预算总表（表一）

建设项目名称：××市电信公司接入网　　工程名称：×××电信分公司进局管道工程

建设单位名称：×××电信局　　表格编号：GDGL1　　第　页

序号	表格编号	费用名称	小型建筑工程费	需要安装的设备费	不需要安装的设备、工器具费	建筑安装工程费	其他费用	总价值	
			/元					人民币/元	其中外币/()
Ⅰ	Ⅱ	Ⅲ	Ⅳ	Ⅴ	Ⅵ	Ⅶ	Ⅷ	Ⅸ	Ⅹ
1	GDGL2	工程费				78887.23		78887.23	
2	GDGL5J	工程建设其他费					8343.21	8343.21	
3		合计						87230.44	
4		总计						87230.44	

设计负责人：×××　　审核：×××　　编制：×××　　编制日期：××××年×月×日

5.2.2.8 撰写预算编制说明

（1）工程概况：本工程为×××电信分公司进局管道单项工程，按二阶段设计编制施工图预算。本工程新建各种通信管道全长120管程米，折合0.48孔千米。其中新建（4×1）塑料管道40管程米，折合0.16孔千米，新建（2×2）塑料管道35管程米，折合0.140孔千米，机械顶钢管（4×1）45管程米，折合0.180孔千米，新建手孔（1.7×1.2×1.8）3个，预算总值为87230.44元。总工日为571.29工日，其中：技工工日193.35工日，普工工日377.94工日。

（2）编制依据：

① 施工图设计图样及说明。

② 工信部［2008］75号关于发布《通信建设工程概算、预算编制办法及费用定额》。

③ ××市电信管理局物资处编制的《××市电信建设工程概算、预算常用电信器材基础价格目录》。

④ 通信建设工程预算定额第五册《通信管道工程》。

⑤ 通信建设工程施工机械、仪表台班定额。

（3）工程技术经济指标分析：本工程预算投资78887.23元，其中建筑安装工程费

87230.44 元，工程建设其他费 8343.21 元，新建通信管道 120m，折合 0.480 孔千米，平均每孔千米 164348.40 元=78887.23/0.480 元。

（4）其他需说明的问题（略）。

5.2.3 长途光缆直埋工程施工图设计预算

5.2.3.1 已知条件

（1）本工程为××长途光缆线路工程，设计为二阶段施工图设计预算。

（2）施工企业距施工现场 80km，完全在野外施工。

（3）设计图样及说明：工程路由示意图如图 5-4 所示。

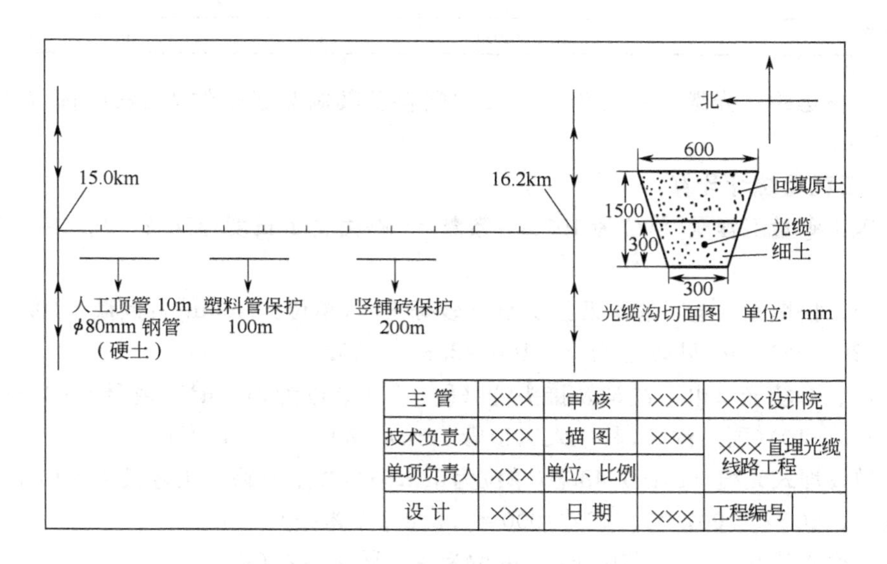

图 5-4 直埋光缆线路单项工程路由示意图

图样说明如下。

① 施工地形为山区，其中硬土为 810m，其余为砂砾土。

② 硬土地区挖填光缆沟类型为“挖夯填”，砂砾土地区挖填光缆沟类型为“挖松填”。

③ 沟底宽为 0.30m，沟上口宽 0.60m，沟深 1.5m。

④ 光缆为直埋型 48 芯（单模）光缆，敷设光缆采用人工抬放方式，线路两端各预留 10m 并与其他光缆进行接续，测试为一个中继段。

⑤ 直埋式光缆自然弯曲增长系数为 0.7%。

⑥ 人工顶管 10m（硬土区）。

（4）设计费双方约定为 2500 元；建设用地及综合赔补费为 500 元/km。

（5）施工用水电蒸汽费按 300 元计取；劳动安全卫生评价费按 400 元计取。

（6）建设单位管理费的计费基础为建筑安装工程工程费；委托监理公司监理，监理费双方约定为建筑工程安装费的 2.5%。

（7）本工程不计取已完工程及设备保护费、运土费、工程排污费、可行性研究费、研究试验费、环境影响评价费、工程保险费、工程招标代理费、专利及专用技术使用费、生产准备及开办费；没有引进技术和引进设备。

（8）主材不计取采购代理服务费。主材原价按××市电信管理物资处编制的《电信建设工程概算、预算常用电信器材基础价格目录》取定。本工程用的主材单价如表5-30所示。

表 5-30 主材单价

序号	主材或机械名称	规格型号	单位	单价/元
1	光缆	埋式48芯	m	5.00
2	镀锌无缝钢管	ϕ80mm	m	15.00
3	光缆接续器材		套	15.00
4	管箍		个	2.00
5	机制砖		m	2.00
6	塑料管	ϕ80mm	m	10.00

（9）主材运距。光缆运距约为250km；塑料及其制品运距约为120km；其他主材运距约为80km。

5.2.3.2 工程量统计计算

（1）施工测量工程量(单位为100m)：数量 = 路由丈量长度=16.2－15.0=1.2(km)=12（100m）。

（2）挖、松填光（电）缆沟及接头坑（砂砾土）（单位为$100m^3$）：数量=(0.3+0.6)×1.5/2×(1200－810)m(砂砾土沟长)/100=2.63（$100m^3$）。

（3）挖、夯填光（电）缆沟及接头坑（硬土）（单位为$100m^3$）：数量=(0.3+0.6)×1.5/2×(810－10)(硬土沟长，其中人工顶管10m)/100=5.4（$100m^3$）。

（4）敷设埋式光缆（山区）48芯(单位为千米条)：数量=路由丈量长度×(1+0.7%)+预留长度=(1200×1.007+10×2)/1000=1.228（千米条）。

（5）长途光缆接续（48芯以下）（单位为头）：数量=2（头）。

（6）长途光缆中继段测试（48芯以下）（单位为中继段）：数量=1(中继段)。

（7）人工顶管(单位为m)：数量=10（m）。

（8）敷设塑料管保护(单位为m)：数量=100（m）。

（9）铺设竖砖保护(单位为km)：数量=0.2（km）。

根据以上统计计算，汇总工程量如表5-31所示。

表 5-31 工程量汇总

序号	定额编号	项目名称	单位	数量
1	TXL1-001	施工测量(通信光缆)	100m	12.00
2	TXL2-003	挖、松填光缆沟及接头坑(砂砾土)	$100m^3$	2.63
3	TXL2-009	挖、夯填光缆沟及接头坑(硬土)	$100m^3$	5.40
4	TXL2-031	敷设埋式光缆(山区,60芯以下)	千米条	1.228
5	TXL5-004	长途光缆接续(48芯以下)	头	2.00
6	TXL5-070	40km以下长途光缆中继段测试(48芯以下)	中继段	1.00
7	TXL2-122	人工顶管	m	10.00
8	TXL2-125	敷设塑料管保护	m	100.00
9	TXL2-128	铺设竖砖保护	km	0.20

5.2.3.3 填写表三甲、表三乙和表三丙

根据工程量汇总表中的定额，参照附录二中的机械、仪表台班单价定额，分别填写表三甲、表三乙和表三丙。

(1) 建筑安装工程量预算表（表三甲），表格编号为GLZM3J，如表5-32所示。

(2) 建筑安装工程施工机械使用费预算表（表三乙），表格编号为GLZM3Y，如表5-33所示。

(3) 建筑安装工程施工仪器仪表使用费预算表（表三丙），表格编号为GLZM3B，如表5-34所示。

表5-32 建筑安装工程量预算表（表三甲）

工程名称：×××长途光缆直埋工程

建设单位名称：×××电信局　表格编号：GLZM3J　　第　页

序号	定额编号	项目名称	单位	数量	单位定额值		合计值	
					技工	普工	技工	普工
Ⅰ	Ⅱ	Ⅲ	Ⅳ	Ⅴ	Ⅵ	Ⅶ	Ⅷ	Ⅸ
1	TXL1-001	施工测量(通信光缆)	100m	12.00	0.70	0.30	8.4	3.6
2	TXL2-003	挖、松填光缆沟及接头坑(砂砾土)	$100m^3$	2.63		81.00	0	213.03
3	TXL2-009	挖、夯填光缆沟及接头坑(硬土)	$100m^3$	5.40		62.00	0	334.8
4	TXL2-031	敷设埋式光缆(山区,60芯以下)	千米条	1.228	31.38	57.20	38.53	70.24
5	TXL5-004	长途光缆接续(48芯以下)	头	2.00	8.58		17.16	0
6	TXL5-070	40km以下长途光缆中继段测试(48芯以下)	中继段	1.00	16.10		16.1	0
7	TXL2-122	人工顶管	m	10.00	1.00	2.00	10	20
8	TXL2-125	敷设塑料管保护	m	100.00	0.01	0.10	1	10
9	TXL2-128	铺设竖砖保护	km	0.20	2.00	10.00	0.4	2
10		合计					91.59	653.67
11		总计					91.59	653.67

设计负责人：×××　审核：×××　编制：×××　　编制日期：××××年×月×日

表5-33 建筑安装工程施工机械使用费预算表（表三乙）

工程名称：×××长途光缆直埋工程　建设单位名称：×××电信局　表格编号：GLZM3Y　第　页

序号	定额编号	项目名称	单位	数量	机械名称	单位定额值		合计值	
						数量/台班	单价/元	数量/台班	合价/元
Ⅰ	Ⅱ	Ⅲ	Ⅳ	Ⅴ	Ⅵ	Ⅶ	Ⅷ	Ⅸ	Ⅹ
1	TXL2-009	挖、夯填光缆沟及接头坑(硬土)	$100m^3$	5.40	夯实机	0.50	53	2.7	143.1
2	TXL5-004	光缆接续(48芯以下)	头	2.00	光缆接续车	1.20	242	2.4	580.8
					汽油发电机(10kW)	0.60	290	1.2	348
					光纤熔接机	1.20	168	2.4	403.2
3		合计							1475.1

设计负责人：×××　审核：×××　编制：×××　　编制日期：××××年×月×日

表 5-34 建筑安装工程施工仪器仪表使用费预算表（表三丙）

工程名称：×××长途光缆直埋工程 建设单位名称：×××电信局 表格编号：GLZM3B 第 页

序号	定额编号	项目名称	单位	数量	仪表名称	单位定额值		合计值	
						数量/台班	单价/元	数量/台班	合价/元
Ⅰ	Ⅱ	Ⅲ	Ⅳ	Ⅴ	Ⅵ	Ⅶ	Ⅷ	Ⅸ	Ⅹ
1	TXL1-001	施工测量(通信光缆)	100m	12.00	地下管线探测仪	0.10	173	1.2	207.6
2	TXL2-031	敷设埋式光缆(山区,60芯以下)	千米条	1.228	光时域反射仪	0.20	306	0.2456	75.15
3	TXL5-004	光缆接续(48芯以下)	头	2.00	光时域反射仪	1.60	306	3.2	979.2
4	TXL5-070	40km以下长途光缆中继段测试(48芯以下)	中继段	1.00	光时域反射仪	2.40	306	2.4	734.4
					稳定光源	2.40	72	2.4	172.8
					光功率计	2.40	62	2.4	148.8
5		合计							2317.95

设计负责人：××× 审核：××× 编制：××× 编制日期：××××年×月×日

5.2.3.4 填写表四甲

(1) 主材用量。参考工程量汇总表中各定额需要的主要材料，若定额中主要材料是带有括号的和以分数表示的，表示供设计选用，应根据技术要求或工程实际需要来决定；而以“*”号表示的，是由设计确定其用量，需要结合工程实际确定其用量。各定额的主材用量如表 5-35 所示。

表 5-35 主材用量

序号	定额编号	项目名称	工程量	主材名称	规格型号	单位	定额量	主材用量
1	TXL2-031	敷设埋式光缆(山区,60芯以下)	1.228	光缆	48芯	m	1005.00	1234.14
2	TXL5-004	长途光缆接续(48芯以下)	2.00	光缆接续器材		套	1.01	2.02
3	TXL2-122	人工顶管	10.00	镀锌无缝钢管	ϕ80mm	m	1.01	10.10
				管箍		个	0.17	1.70
4	TXL2-125	敷设塑料管保护	100.00	塑料管	ϕ80mm	m	1.01	101.00
5	TXL2-128	铺设竖砖保护	0.20	机制砖		m	4080.00	816.00

(2) 将表 5-35 中的同类材料合并，参照表 5-30 所示的设备主材单价及主材运距填写表四甲，表格编号为 GLZM4J，如表 5-36 所示。

表 5-36 国内器材预算表（表四甲）

（主要材料）表

工程名称：×××长途光缆直埋工程

建设单位名称：×××电信局 表格编号：GLZM4J 第 页

序号	名称	规格程式	单位	数量	单价/元	合计/元	备注
Ⅰ	Ⅱ	Ⅲ	Ⅳ	Ⅴ	Ⅵ	Ⅶ	Ⅷ
1	光缆	48芯	m	1234.14	5.00	6170.7	光缆
2	(1)小计					6170.7	
3	(2)运杂费:小计×1.2%					74.05	
4	(3)运输保险费:小计×0.1%					6.17	
5	(4)采购及保管费:小计×1.1%					67.88	
6	(5)采购代理服务费:不计					0	
7	合计1					6318.80	

续表

序号	名　　称	规格程式	单位	数量	单价/元	合计/元	备　注
Ⅰ	Ⅱ	Ⅲ	Ⅳ	Ⅴ	Ⅵ	Ⅶ	Ⅷ
8	塑料管	ϕ80mm	m	101.00	10.00	1010	塑料及塑料制品
9	(1)小计					1010	
10	(2)运杂费:小计×4.8%					48.48	
11	(3)运输保险费:小计×0.1%					1.01	
12	(4)采购及保管费:小计×1.1%					11.11	
13	(5)采购代理服务费:不计					0	
14	合计 2					1070.6	
15	光缆接续器材		套	2.02	15.00	30.3	其他
16	镀锌无缝钢管	ϕ80mm	m	10.10	15.00	151.5	
17	管箍		个	1.70	2.00	3.4	
18	机制砖		m	816.00	2.00	1632	
19	(1)小计					1817.2	
20	(2)运杂费:小计×3.6%					65.41	
21	(3)运输保险费:小计×0.1%					1.82	
22	(4)采购及保管费:小计×1.1%					19.99	
23	(5)采购代理服务费:不计					0	
24	合计 3					1904.42	
25	合　　计					9293.82	

设计负责人：××× 审核：××× 编制：××× 编制日期：××××年×月×日

5.2.3.5 填写表二

按照题中给定的已知条件，确定每项费用的费率及计费基础，还必须时刻注意费用定额中的注解和说明，同时要填写表中的“依据和计算方法”栏。另外，从表三乙可以看出，本工程使用的光缆接续车属于大型施工机械，总吨位为4t，要计取“大型施工机械调遣费”；工程施工地为城区，所以无“特殊地区施工增加费”；计算税金时，要在直接工程费中将光缆的预算价核减。表二的表格编号为GLZM2，如表5-37所示。

表 5-37 建筑安装工程费用预算表（表二）

工程名称：×××长途光缆直埋工程

建设单位名称：×××电信局　　表格编号：GLZM2　　第　页

序号	费用名称	依据和计算方法	合计/元
Ⅰ	Ⅱ	Ⅲ	Ⅳ
	建筑安装工程费	一＋二＋三＋四	55946.5
一	直接费	(一)＋(二)	38834.4
(一)	直接工程费	1＋2＋3＋4	29930.8
1	人工费	(1)＋(2)	16816.05
(1)	技工费	技工总工日(91.59)×48.00	4396.32
(2)	普工费	普工总工日(653.67)×19.00	12419.73

序号	费用名称	依据和计算方法	合计/元
Ⅰ	Ⅱ	Ⅲ	Ⅳ
2	材料费	(1)＋(2)	9321.70
(1)	主要材料费	(表四甲)	9293.82
(2)	辅助材料费	主要材料费×0.3%	27.88
3	机械使用费	(表三乙)	1475.1
4	仪表使用费	(表三丙)	2317.95
(二)	措施费	1＋2＋3＋…＋16	8903.6
1	环境保护费	人工费×1.5%	252.24

续表

序号	费用名称	依据和计算方法	合计/元	序号	费用名称	依据和计算方法	合计/元
Ⅰ	Ⅱ	Ⅲ	Ⅳ	Ⅰ	Ⅱ	Ⅲ	Ⅳ
2	文明施工费	人工费×1.0%	168.16	15	施工队伍调遣费	106×5×2	1060
3	工地器材搬运费	人工费×5.0%	840.8	16	大型施工机械调遣费	2×0.62×80×4	396.8
4	工程干扰费	人工费×6.0%	1008.96	二	间接费	(一)+(二)	10425.92
5	工程点交、场地清理费	人工费×5.0%	840.8	(一)	规费	1+2+3+4	5381.12
6	临时设施费	人工费×10.0%	1681.6	1	工程排污费	不计(给定)	0
7	工程车辆使用费	人工费×6.0%	1008.96	2	社会保障费	人工费×26.81%	4508.37
8	夜间施工增加费	人工费×3.0%	504.48	3	住房公积金	人工费×4.19%	704.59
9	冬雨季施工增加费	人工费×2.0%	336.32	4	危险作业意外伤害保险费	人工费×1.0%	168.16
10	生产工具用具使用费	人工费×3.0%	504.48	(二)	企业管理费	人工费×30.0%	5044.8
11	施工用水电蒸汽费	300(给定)	300	三	利润	人工费×30.0%	5044.8
12	特殊地区施工增加费	不计	0	四	税金	(一+二+三)×3.41%(核减光缆的预算价)	1641.38
13	已完工程及设备保护费	不计(给定)	0				
14	运土费	不计(给定)	0				

5.2.3.6 填写表五甲

(1) 勘察费：本工程的勘察总长为施工测量长度=1.2km。查本书表4-32可知，光缆线路直埋工程的勘察费=基价+内插值×相应插值=2500+1140×(1.2−1.0)=2728.00(元)；线路及管道工程二阶段施工图设计的勘察费=2728.00×40%=1091.2(元)。

(2) 设计费：双方约定为2500元。

(3) 工程建设其他费用预算表(表五甲)的表格编号为GLZM5J，如表5-38所示。

表5-38 工程建设其他费用预算表(表五甲)

单项工程名称：×××长途光缆直埋工程

建设单位名称：×××电信局　　表格编号：GLZM5J　　第　页

序号	费用名称	计算依据及方法	金额/元	备注
Ⅰ	Ⅱ	Ⅲ	Ⅳ	Ⅴ
1	建设用地及综合赔补费	1.2×500(给定)	6000	
2	建设单位管理费	建筑安装工程费×1.5%	839.21	给定计费基础为建筑安装工程费
3	可行性研究费	不计(给定)		
4	研究试验费	不计(给定)		
5	勘察设计费	勘察费+设计费	3591.2	勘察费：1091.2元，设计费：2500元
6	环境影响评价费	不计(给定)		
7	劳动安全卫生评价费	400(给定)	400	
8	建设工程监理费	建筑安装工程费×2.5%(给定)	1398.67	建筑安装工程费为55946.5元(见表5-37)
9	安全生产费	建筑安装工程费×1.0%	559.47	
10	工程质量监督费	已取消		
11	工程定额测定费	已取消		
12	引进技术和引进设备其他费	无		
13	工程保险费	不计(给定)		
14	工程招标代理费	不计(给定)		
15	专利及专用技术使用费	不计(给定)		
	总　计		12788.55	
16	生产准备及开办费(运营费)	不计(给定)		

设计负责人：×××　审核：×××　编制：×××　编制日期：××××年×月×日

5.2.3.7 填写表一

由于本工程没有购置设备、工器具，建筑安装工程费就是工程费；另外，本工程编制的是施工图预算，可以不列支预备费。工程（预）算总表（表一）的表格编号为GLZM1，如表5-39所示。

表5-39 工程预算总表（表一）

建设项目名称：×××市电信公司接入网　　工程名称：×××长途光缆直埋工程

建设单位名称：×××电信局　　表格编号：GLZM1　　第　页

序号	表格编号	费用名称	小型建筑工程费	需要安装的设备费	不需要安装的设备、工器具费	建筑安装工程费	其他费用	总价值	
			/元					人民币/元	其中外币/( )
Ⅰ	Ⅱ	Ⅲ	Ⅳ	Ⅴ	Ⅵ	Ⅶ	Ⅷ	Ⅸ	Ⅹ
1	GLZM2	工程费				55946.5		55946.5	
2	GLZM5J	工程建设其他费					12788.55	12788.55	
3		合计						68735.05	
4		总计						68735.05	

设计负责人：×××　　审核：×××　　编制：×××　　编制日期：××××年×月×日

5.2.3.8 撰写预算编制说明

（1）工程概况：本工程为××长途光缆直埋工程；按二阶段设计编制施工图预算。工程共敷设埋式48芯光缆1.2km，预算总价值为68735.05元；总工日745.26工日，其中技工工日91.59，普工工日653.67。

（2）编制依据：

① 施工图设计图样及说明。

② 工信部［2008］75号关于发布《通信建设工程概算、预算编制办法及费用定额》。

③ ××市电信管理局物资处编制的《××市电信建设工程概算、预算常用电信器材基础价格目录》。

④ 通信建设工程预算定额第四册《通信线路工程》。

⑤ 通信建设工程施工机械、仪表台班定额。

（3）工程技术经济指标分析：本单项工程总投资68735.05元。其中建筑安装工程费55946.5元；工程建设其他费12788.55元。敷设埋式光缆57.6芯千米＝48芯×1.2km，平均每芯千米造价1193.32元＝68735.05/57.6元。

（4）其他需说明的问题（略）。

5.2.4 通信线路架空工程一阶段设计预算

5.2.4.1 工程说明

（1）本工程为×××局新建市话电缆线路单项工程一阶段设计预算。

（2）施工地点在城区，施工企业距施工现场40km。

（3）设计图样及说明：×××局新建市话电缆线路工程示意图，如图5-5所示。

×××局市话电缆线路工程电缆施工图，如图5-6所示。

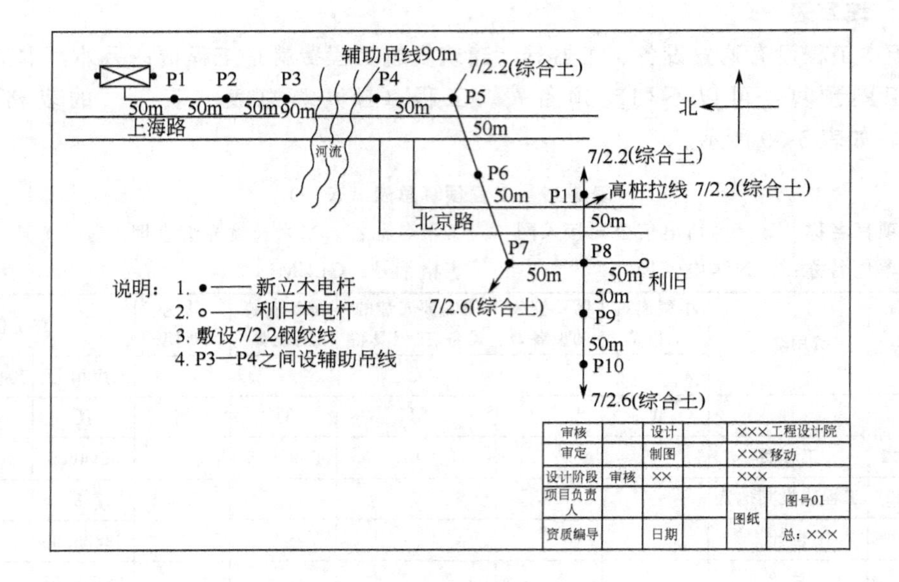

图 5-5 ×××局市话电缆线路工程杆路图

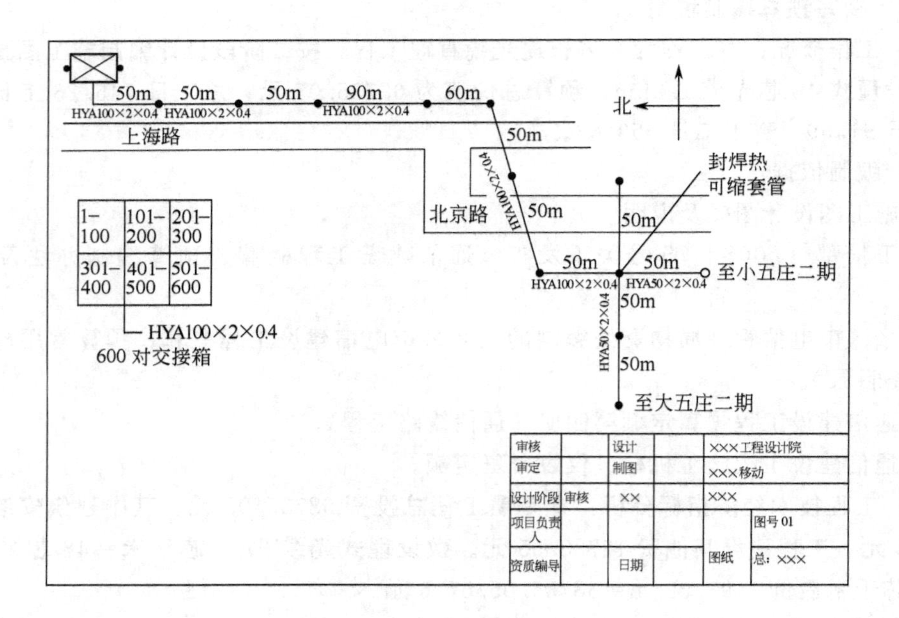

图 5-6 ×××局市话电缆线路工程电缆施工图

图纸说明如下。

① 工程施工地为市区内；电杆为 8.0m 高防腐木电杆。

② 土质取定：立电杆按综合土；装拉线按图中说明。

③ 采用瓦型护杆板及条型护杆板。

④ 吊线用 U 形卡子做终结。

⑤ 吊线的垂度增长长度可以忽略不计；吊线无接头，架空吊线程式为 7/2.2。

⑥ 电缆测试按双窗口测试。

⑦ 架空电缆自然弯曲系数按 0.5%取定。

⑧ 交接箱预留 2m，接头点每侧预留 1m。

(4) 施工用水电蒸汽费按 300 元计取；劳动安全卫生评价费按 300 元计取。

(5) 计算建设单位管理费时计费基础为建筑安装工程工程费；设计费经双方约定为 2500 元。

(6) 本工程不计取建设用地及综合赔补费、已完工程及设备保护费、运土费、工程排污费、可行性研究费、研究试验费、环境影响评价费、工程保险费、工程招标代理费、专利及专用技术使用费、生产准备及开办费；没有引进技术和引进设备。

(7) 本工程没有成立筹建机构，也不委托监理公司监理。

(8) 主材不计取采购代理服务费。主材原价按××市电信管理物资处编制的《电信建设工程概算、预算常用电信器材基础价格目录》取定。本工程用的主材单价如表 5-40 所示。

表 5-40 主材单价

序号	主 材 名 称	规格程式	单 位	单价/元
1	塑料电缆	100 对	m	30.00
2	塑料电缆	50 对	m	20.00
3	木电杆	梢径 14～20cm	根	135.00
4	瓦形护杆板		块	4.00
5	条形护杆板		块	2.00
6	镀锌钢绞线		kg	5.00
7	镀锌铁线	ϕ1.5	kg	3.00
8	镀锌铁线	ϕ3.0	kg	4.00
9	镀锌铁线	ϕ4.0	kg	4.00
10	地锚铁柄		套	15.00
11	镀锌穿钉	长 100	副	5.00
12	镀锌穿钉	长 200	副	7.00
13	镀锌穿钉	长 50	副	4.00
14	站台及铁件	单面	套	150.00
15	地气棒		根	50.00
16	软铜绞线	7/1.33	kg	35.00
17	地线夹板		副	3.00
18	水泥拉线盘		套	30.00
19	三眼双槽夹板		副	5.50
20	拉线衬环		个	2.00
21	电缆挂钩		只	1.00
22	接线模块	25 回线	块	10.00
23	接线子		只	0.20
24	热可缩套(包)管		个	250.00
25	尼龙固定卡带		根	2.50
26	交接箱	含接线排	台	2000.00
27	吊线箍		套	2.00

(9) 主材运距：水泥及水泥构件按80km计取；木材及木材制品按50km计取；电缆按120km计取；其他主材按50km计取。

5.2.4.2 工程量计算

(1) 施工测量工程量（单位为100m)：数量=路由丈量长度=640/100=6.4(100m)。

(2) 立8.5m以下木电杆（综合土）（单位为根)：数量为13根（交接箱处2根、高桩拉线1根)。

(3) 木杆夹板法装7/2.6单股拉线（综合土）（单位为条)：数量为2条。

木杆夹板法装7/2.2单股拉线（综合土）（单位为条)：数量为2条。

平原地区装7/2.2高桩拉线（综合土）（单位为条)：数量为1条。

(4) 平原地区架设7/2.2吊线（单位为千米条)：数量为0.64（千米条)。

(5) 市区敷设100对以下架空电缆（单位为千米条)：

100对电缆数量=450×(1+0.5%)+2(交接箱预留)+1(接头预留)=455.25 (m)

50对电缆数量=150×(1+0.5%)+1(接头预留)+1(接头预留)=152.75 (m)

敷设100对以下架空电缆=(455.25+152.75)/1000=0.608（千米条)

(6) 配线电缆测试（单位为100对)：数量为1（百对)。

(7) 架设100m以内辅助吊线（单位为条档)：数量为1（条档)

(8) 布放交接箱成端电缆100对以下（单位为条)：数量为1（条)

(9) 成端电缆芯线接续0.6mm以下（单位为100对)：数量为1.00（百对)

(10) 塑隔电缆芯线接续0.6mm以下接线子式（单位为100对)：数量为1.00（百对)

(11) 配线电缆全程测试（单位为100对)：数量为1.00（100对)

(12) 封焊热可缩套管ϕ50mm×900mm以下（单位为个)：数量为1个

(13) 安装架空交接箱600对以下（单位为个)：数量为1个

根据以上统计计算，汇总工程量如表5-41所示。

表5-41 工程量汇总

序号	定额编号	项目名称	单位	数量
1	TXL1-002	架空光(电)缆工程施工测量	100m	6.40
2	TXL3-013	立8.5m以下木电杆(综合土)	根	13.00
3	TXL3-078	木杆夹板法装7/2.2单股拉线(综合土)	条	2.00
4	TXL3-081	木杆夹板法装7/2.6单股拉线(综合土)	条	2.000
5	TXL3-151	装设7/2.2高桩拉线(平原)(注:套用相应的吊线定额)	千米条	0.05
6	TXL3-151	木电杆架设7/2.2吊线(平原)	千米条	0.64
7	TXL3-175	架设100m以内辅助吊线	条档	1.00
8	TXL3-191	吊线式架空电缆(100对以下)	千米条	0.608
9	TXL4-071	布放交接箱成端电缆(100对以下)	条	1.00
10	TXL5-125	成端电缆芯线接续(0.6以下)	百对	1.00
11	TXL5-127	塑隔电缆芯线接续0.6以下(接线子式)	百对	1.00
12	TXL5-149	封焊热可缩套(包)管(ϕ50×900以下)	个	1.00
13	TXL5-178	配线电缆测试	百对	1.00
14	TXL6-004	安装架空交接箱(600对以下)	个	1.00

5.2.4.3 填写表三甲、表三乙和表三丙

根据工程量汇总表中的定额，参照附录二中的机械、仪表台班单价定额，分别填写表三甲、表三乙和表三丙。

（1）建筑安装工程量预算表（表三甲），表格编号为JG3J，如表5-42所示。

表5-42 建筑安装工程量预算表（表三甲）

工程名称：×××通信线路架空工程 建设单位名称：×××电信局 表格编号：JG3J 第 页

序号	定额编号	项目名称	单位	数量	单位定额值		合计值	
					技工	普工	技工	普工
Ⅰ	Ⅱ	Ⅲ	Ⅳ	Ⅴ	Ⅵ	Ⅶ	Ⅷ	Ⅸ
1	TXL1-002	架空光(电)缆工程施工测量	100m	6.40	0.60	0.20	3.84	1.28
2	TXL3-013	立8.5m以下木电杆(综合土)	根	13.00	0.36	0.36	4.68	4.68
3	TXL3-078	木杆夹板法装7/2.2单股拉线(综合土)	条	2.00	0.86	0.6	1.72	1.2
4	TXL3-081	木杆夹板法装7/2.6单股拉线(综合土)	条	2.000	0.92	0.6	1.84	1.2
5	TXL3-151	装设7/2.2高桩拉线(平原)(注:套用相应的吊线定额)	千米条	0.05	5.42	5.64	0.27	0.28
6	TXL3-151	木电杆架设7/2.2吊线(平原)	千米条	0.64	5.42	5.64	3.47	3.61
7	TXL3-175	架设100m以内辅助吊线	条档	1.00	1	1	1	1
8	TXL3-191	吊线式架空电缆(100对以下)	千米条	0.608	9.05	10.63	5.50	6.46
9	TXL4-071	布放交接箱成端电缆(100对以下)	条	1.00	1.55	0	1.55	0
10	TXL5-125	成端电缆芯线接续(0.6以下)	百对	1.00	1.2	0	1.2	0
11	TXL5-127	塑隔电缆芯线接续0.6以下(接线子式)	百对	1.00	1.1	0	1.1	0
12	TXL5-149	封焊热可缩套(包)管(ϕ50×900以下)	个	1.00	0.56	0.14	0.56	0.14
13	TXL5-178	配线电缆测试	百对	1.00	1.5	0	1.5	0
14	TXL6-004	安装架空交接箱(600对以下)	个	1.00	4.5	4.5	4.5	4.5
15		合计					32.73	24.35
		通信线路工程总工日在100以下时，增加15%					4.91	3.65
16		总计					37.64	28.00

设计负责人：××× 审核：××× 编制：××× 编制日期：××××年×月×日

（2）建筑安装工程施工机械使用费预算表（表三乙），表格编号为JG3Y，如表5-43所示。

表5-43 建筑安装工程施工机械使用费预算表（表三乙）

工程名称：×××通信线路架空工程 建设单位名称：×××电信局 表格编号：JG3Y 第 页

序号	定额编号	项目名称	单位	数量	机械名称	单位定额值		合计值	
						数量/台班	单价/元	数量/台班	合价/元
Ⅰ	Ⅱ	Ⅲ	Ⅳ	Ⅴ	Ⅵ	Ⅶ	Ⅷ	Ⅸ	Ⅹ
1	TXL6-004	安装架空交接箱(600对以下)	个	1.00	汽车式起重机(5t)	0.50	400	0.50	200
2		合计							200

设计负责人：××× 审核：××× 编制：××× 编制日期：××××年×月×日

（3）建筑安装工程施工仪器仪表使用费预算表（表三丙），表格编号为JG3B，如表5-44所示。

表5-44 建筑安装工程施工仪器仪表使用费预算表（表三丙）

工程名称：×××通信线路架空工程　建设单位名称：×××电信局　表格编号：JG3B　第　页

序号	定额编号	项目名称	单位	数量	仪表名称	单位定额值		合计值	
						数量/台班	单价/元	数量/台班	合价/元
Ⅰ	Ⅱ	Ⅲ	Ⅳ	Ⅴ	Ⅵ	Ⅶ	Ⅷ	Ⅸ	Ⅹ
1	TXL1-002	架空光(电)缆工程施工测量	100m	6.40	地下管线探测仪	0.05	173	0.32	55.36
2		合计							55.36

设计负责人：×××　审核：×××　编制：×××　编制日期：××××年×月×日

5.2.4.4 填写表四甲

（1）主材用量。参考工程量汇总表中各定额需要的主要材料，若定额中主要材料是带有括号的和以分数表示的，表示供设计选用，应根据技术要求或工程实际需要来决定；而以“*”号表示的，是由设计确定其用量，需要结合工程实际确定其用量。各定额的主材用量如表5-45所示。

表5-45 主材用量

序号	定额编号	项目名称	工程量	主材名称	规格型号	单位	定额量	主材用量
1	TXL3-013	立8.5m以下木电杆(综合土)	13.00	木电杆	梢径14～20cm	根	1.01	13.13
2	TXL3-078	木杆夹板法装7/2.2单股拉线(综合土)	2.00	镀锌钢绞线		kg	3.02	9.06
				瓦形护杆板		块	2.02	6.06
				条形护杆板		块	4.04	12.12
				镀锌铁线	$\phi1.5$	kg	0.02	0.06
				镀锌铁线	$\phi3.0$	kg	0.30	0.9
				镀锌铁线	$\phi4.0$	kg	0.22	0.66
				地锚铁柄		套	1.01	3.03
				水泥拉线盘		套	1.01	3.03
				三眼双槽夹板		副	2.02	6.06
				拉线衬环		个	1.01	3.03
3	TXL3-081	木杆夹板法装7/2.6单股拉线(综合土)	2.00	镀锌钢绞线		kg	4.41	8.82
				瓦形护杆板		块	2.02	4.04
				条形护杆板		块	4.04	8.08
				镀锌铁线	$\phi1.5$	kg	0.04	0.08
				镀锌铁线	$\phi3.0$	kg	0.55	1.1
				镀锌铁线	$\phi4.0$	kg	0.22	0.44
				地锚铁柄		套	1.01	2.02
				水泥拉线盘		套	1.01	2.02
				三眼双槽夹板		副	2.02	4.04
				拉线衬环		个	1.01	2.02

续表

序号	定额编号	项 目 名 称	工程量	主材名称	规格型号	单位	定额量	主材用量
4	TXL3-151	木电杆架设 7/2.2 吊线（平原）	0.69	镀锌钢绞线		kg	221.27	152.68
				镀锌穿钉	长 100	副	1.01	0.70
				镀锌穿钉	长 200	副	22.22	15.33
				镀锌铁线	ϕ1.5	kg	0.10	0.07
				镀锌铁线	ϕ3.0	kg	1.00	0.69
				镀锌铁线	ϕ4.0	kg	2.00	1.38
				三眼单槽夹板		副	22.22	15.33
				拉线衬环		个	4.04	2.79
				瓦形护杆板		块	8.08	5.58
				条形护杆板		块	12.12	8.36
5	TXL3-175	架设 100m 以内辅助吊线	1.00	吊线箍		套	2.02	2.02
				镀锌穿钉	长 50	副	4.04	4.04
				镀锌铁线	ϕ1.5	kg	0.03	0.03
				镀锌铁线	ϕ3.0	kg	0.60	0.6
				拉线衬环		kg	2.02	2.02
6	TXL3-191	吊线式架空电缆（100 对以下）	0.608	塑料电缆	100 对（455.25m）	m	1007.00	458.44
				塑料电缆	50 对（152.75m）	m	1007.00	153.82
				电缆挂钩		只	2060.00	1252.48
				镀锌铁线	ϕ1.5	kg	1.02	0.62
7	TXL5-125	成端电缆芯线接续（0.6 以下）	1.00	接线模块	25 回线	块	4.04	4.04
8	TXL5-127	塑隔电缆芯线接续 0.6 以下（接线子式）	1.00	接线子		只	204.00	204
9	TXL5-149	封焊热可缩套（包）管（ϕ50×900 以下）	1.00	热可缩套（包）管		个	1.01	1.01
				尼龙固定卡带		根	2.02	2.02
10	TXL6-004	安装架空交接箱（600 对以下）	1.00	交接箱	含接线排	台	1.00	1
				站台及铁件	单面	套	1.01	1.01
				地气棒		根	2.00	2
				软铜绞线	7/1.33	kg	0.2	0.2
				地线夹板		副	1.01	1.01

（2）将表 5-45 中的同类材料合并，参照表 5-40 所示的设备主材单价及主材运距填写表四甲，表格编号为 JG4J，如表 5-46 所示。

5.2.4.5 填写表二

按照题中给定的已知条件，确定每项费用的费率及计费基础，还必须时刻注意费用定额中的注解和说明，同时要填写表中的“依据和计算方法”栏。另外，从表三乙可以看出，本工程无大型施工机械，所以无“大型施工机械调遣费”；工程施工地为城区，所以无“特殊地区施工增加费”；计算税金时，要在直接工程费中将电缆的预算价核减。表二的表格编号为 JG2，如表 5-47 所示。

表 5-46 国内器材预算表（表四甲）（主要材料）表

工程名称：×××通信线路架空工程　建设单位名称：×××电信局　表格编号：JG4J　第　页

序号	名　称	规格程式	单位	数量	单价/元	合计/元	备注
Ⅰ	Ⅱ	Ⅲ	Ⅳ	Ⅴ	Ⅵ	Ⅶ	Ⅷ
1	塑料电缆	100对(455.25m)	m	458.44	30.00	13753.2	电缆
2	塑料电缆	50对(152.75m)	m	153.82	20.00	3076.4	
3	(1)小计					16829.6	
4	(2)运杂费：小计×1.7%					286.11	
5	(3)运输保险费：小计×0.1%					16.83	
6	(4)采购及保管费：小计×1.1%					185.13	
7	(5)采购代理服务费：不计					0	
8	合计1					17317.67	
9	木电杆	梢径14～20cm	根	13.13	135.00	1772.55	木材及木制品
10	(1)小计					1772.55	
11	(2)运杂费：小计×8.4%					148.93	
12	(3)运输保险费：小计×0.1%					1.77	
13	(4)采购及保管费：小计×1.1%					19.50	
14	(5)采购代理服务费：不计					0	
15	合计2					1942.76	
16	水泥拉线盘		套	5.05	30.00	151.5	水泥及水泥制品
17	(1)小计					151.5	
18	(2)运杂费：小计×4.8%					7.30	
19	(3)运输保险费：小计×0.1%					0.15	
20	(4)采购及保管费：小计×1.1%					1.67	
21	(5)采购代理服务费：不计					0	
22	合计3					160.62	
23	瓦形护杆板		块	15.68	4.00	62.72	其他
24	条形护杆板		块	28.56	2.00	57.12	
25	镀锌钢绞线		kg	170.6	5.00	853	
26	镀锌铁线	ϕ1.5	kg	0.86	3.00	2.58	
27	镀锌铁线	ϕ3.0	kg	3.29	4.00	13.16	
28	镀锌铁线	ϕ4.0	kg	2.48	4.00	9.92	
29	地锚铁柄		套	5.05	15.00	75.75	
30	镀锌穿钉	长100	副	0.7	5.00	3.5	
31	镀锌穿钉	长200	副	15.33	7.00	107.31	
32	镀锌穿钉	长50	副	4.04	4.00	16.16	
33	站台及铁件	单面	套	1.01	150.00	151.5	
34	地气棒		根	2	50.00	100	
35	软铜绞线	7/1.33	kg	0.2	35.00	7	

续表

序号	名称	规格程式	单位	数量	单价/元	合计/元	备注
Ⅰ	Ⅱ	Ⅲ	Ⅳ	Ⅴ	Ⅵ	Ⅶ	Ⅷ
36	地线夹板		副	1.01	3.00	3.03	其他
37	三眼双槽夹板		副	25.43	5.50	139.87	
38	拉线衬环		个	9.86	2.00	19.72	
39	电缆挂钩		只	1252	1.00	1252	
40	接线模块	25 回线	块	4.04	10.00	40.4	
41	接线子		只	204	0.20	40.8	
42	热可缩套(包)管		个	1.01	250.00	252.5	
43	尼龙固定卡带		根	2.02	2.50	5.05	
44	交接箱	含接线排	台	1	2000.00	2000	
45	吊线箍		套	2.02	2.00	4.04	
46	(1)小计					5217.13	
47	(2)运杂费:小计×3.6%					187.81	
48	(3)运输保险费:小计×0.1%					5.22	
49	(4)采购及保管费:小计×1.1%					57.39	
50	(5)采购代理服务费:不计					0	
51	合计 4					5467.54	
52	合计					24888.59	

设计负责人：××× 审核：××× 编制：××× 编制日期：××××年×月×日

表 5-47 建筑安装工程费用预算表（表二）

工程名称：×××通信线路架空工程 建设单位名称：×××电信局 表格编号：JG2 第 页

序号	费用名称	依据和计算方法	合计/元	序号	费用名称	依据和计算方法	合计/元
Ⅰ	Ⅱ	Ⅲ	Ⅳ	Ⅰ	Ⅱ	Ⅲ	Ⅳ
	建筑安装工程费	一＋二＋三＋四	32683.86	9	冬雨季施工增加费	人工费×2.0%	46.58
一	直接费	(一)＋(二)	30018.28	10	生产工具用具使用费	人工费×3.0%	69.87
(一)	直接工程费	1＋2＋3＋4	27557.34				
1	人工费	(1)＋(2)	2338.72	11	施工用水电蒸汽费	300(给定)	300
(1)	技工费	技工总工日(37.64)×48.00	1806.72				
(2)	普工费	普工总工日(28.00)×19.00	532	12	特殊地区施工增加费	不计	0
2	材料费	(1)＋(2)	24963.26				
(1)	主要材料费	(表四甲)	24888.59	13	已完工程及设备保护费	不计(给定)	0
(2)	辅助材料费	主要材料费×0.3%	74.67				
3	机械使用费	(表三乙)	200	14	运土费	不计(给定)	0
4	仪表使用费	(表三丙)	55.36	15	施工队伍调遣费	106×5×2	1060
(二)	措施费	1＋2＋3＋…＋16	2460.94				
1	环境保护费	人工费×1.5%	35.085	16	大型施工机械调遣费	不计	0
2	文明施工费	人工费×1.0%	23.39	二	间接费	(一)＋(二)	1444.08
3	工地器材搬运费	人工费×5.0%	116.95	(一)	规费	1＋2＋3＋4	745.38
				1	工程排污费	不计(给定)	0
4	工程干扰费	人工费×6.0%	140.34	2	社会保障费	人工费×26.81%	624.4049
5	工程点交、场地清理费	人工费×5.0%	116.95	3	住房公积金	人工费×4.19%	97.5851
				4	危险作业意外伤害保险费	人工费×1.0%	23.39
6	临时设施费	人工费×10.0%	233.9	(二)	企业管理费	人工费×30.0%	698.7
7	工程车辆使用费	人工费×6.0%	139.74	三	利润	人工费×30.0%	698.7
8	夜间施工增加费	人工费×3.0%	69.87	四	税金	(一＋二＋三)×3.41%(核减电缆的预算价)	522.80

5.2.4.6 填写表五甲

(1) 勘察费：本工程的勘察总长为施工测量长度＝0.64km。查本书表4-32可知，市内架空电缆线路工程的勘察费起价为2000元；线路及管道工程一阶段设计的勘察费＝1000×80%＝800元。

(2) 设计费：双方约定为2500元。

(3) 工程建设其他费用预算表（表五甲）的表格编号为JG5J，如表5-48所示。

表5-48 工程建设其他费用预算表（表五甲）

单项工程名称：×××通信线路架空工程 建设单位名称：×××电信局 表格编号：JG5J 第 页

序号	费用名称	计算依据及方法	金额/元	备注
Ⅰ	Ⅱ	Ⅲ	Ⅳ	Ⅴ
1	建设用地及综合赔补费	不计(给定)		
2	建设单位管理费	建筑安装工程费×1.5%	490.26	给定计费基础为建筑安装工程费
3	可行性研究费	不计(给定)		
4	研究试验费	不计(给定)		
5	勘察设计费	勘察费＋设计费	3300	勘察费:800元,设计费:2500元
6	环境影响评价费	不计(给定)		
7	劳动安全卫生评价费	300(给定)	300.00	
8	建设工程监理费	不计(给定)		
9	安全生产费	建筑安装工程费×1.0%	326.84	建筑安装工程费为32683.86元(见表5-47)
10	工程质量监督费	已取消		
11	工程定额测定费	已取消		
12	引进技术和引进设备其他费	无		
13	工程保险费	不计(给定)		
14	工程招标代理费	不计(给定)		
15	专利及专用技术使用费	不计(给定)		
	总 计		4417.1	
16	生产准备及开办费(运营费)	不计(给定)		

设计负责人：××× 审核：××× 编制：××× 编制日期：××××年×月×日

5.2.4.7 填写表一

由于本工程没有购置设备、工器具，建筑安装工程费就是工程费；另外，本工程编制的是施工图预算，可以不列支预备费。工程（预）算总表（表一）的表格编号为JG1，如表5-49所示。

表5-49 工程预算总表（表一）

建设项目名称：×××市电信公司接入网 工程名称：×××通信线路架空工程

建设单位名称：×××电信局 表格编号：JG1 第 页

序号	表格编号	费用名称	小型建筑工程费	需要安装的设备费	不需要安装的设备、工器具费	建筑安装工程费	其他费用	总价值	
			/元					人民币/元	其中外币/( )
Ⅰ	Ⅱ	Ⅲ	Ⅳ	Ⅴ	Ⅵ	Ⅶ	Ⅷ	Ⅸ	Ⅹ
1	JG2	工程费				32683.86		32683.86	
2	JG5J	工程建设其他费					4417.1	4417.1	
3		合计						37100.96	
		预备费(合计×4%)						1484.04	
4		总计						38585.00	

设计负责人：××× 审核：××× 编制：××× 编制日期：××××年×月×日

5.2.4.8 撰写预算编制说明

（1）工程概况：本工程为×××局新建市话电缆线路单项工程；按一阶段设计编制预算。工程新立 8m 木电杆 13 根，架设 7/2.2 镀锌钢绞线 640m，敷设架空电缆 0.608 千米条，工程预算总价值为 38585.00 元；总工日 65.64 工日，其中技工工日 37.64 工日，普工工日 28 工日。

（2）编制依据：

① 施工图设计图样及说明。

② 工信部［2008］75 号关于发布《通信建设工程概算、预算编制办法及费用定额》。

③ ××市电信管理局物资处编制的《××市电信建设工程概算、预算常用电信器材基础价格目录》。

④ 通信建设工程预算定额第四册《通信线路工程》。

⑤ 通信建设工程施工机械、仪表台班定额。

（3）工程技术经济指标分析：本单项工程总投资 38585.00 元。其中建筑安装工程费 32683.86 元；工程建设其他费 4417.1 元；预备费 1484.04 元。

（4）其他需说明的问题（略）。

5.2.5 基站设备及馈线安装工程一阶段设计预算

5.2.5.1 已知条件

（1）本工程为×××基站设备及馈线安装工程。设计为一阶段设计预算。

（2）施工地区在城区，施工企业距工程所在地 38km。

（3）设计图样及有关说明：设计图样如图 5-7 所示。

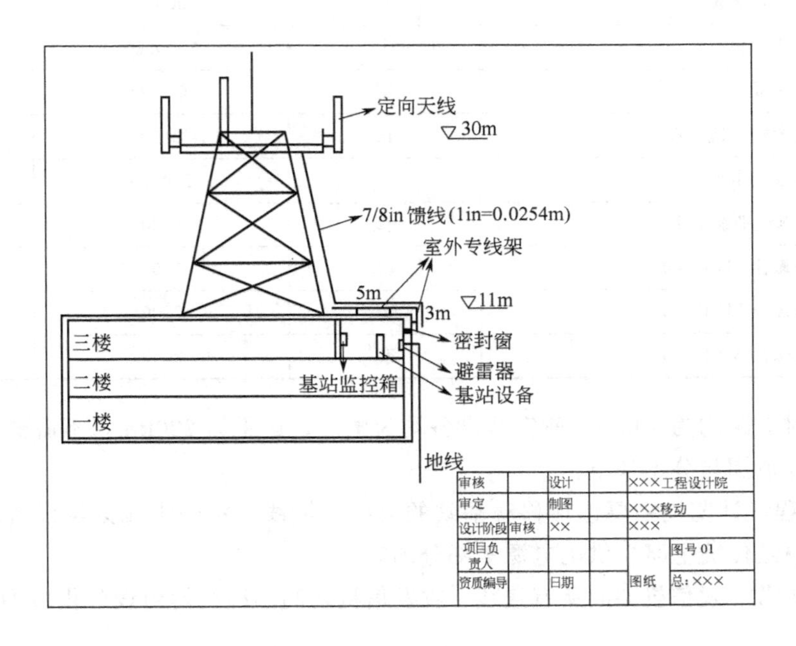

图 5-7 移动基站平面布置示意图

图样说明如下。

① 本基站站址选择建在市区，繁华地带，基站位置三层机房。

② 楼顶铁塔上安装 3 副定向天线，小区方向分别为 N0°、N120°、N240°，其塔高均为 18m。

③ 基站天馈线的布置与安装采用 7/8″同轴电缆，共敷设 6 条，每条长 50m。各馈线进入机房的孔洞严格密封，以防渗水。

④ 室外走线架的规格为 500mm 宽，走线架固定件材料已含在走线架材料内。

（4）不计取建设用地及综合赔补费；不计取施工用水电蒸汽费；劳动安全卫生评价费按 200 元计取。

（5）建设工程监理费经双方约定，按建筑工程安装费的 4.5％计取；设计费为 2200 元。

（6）本工程不计取已完工程及设备保护费、运土费、工程排污费、可行性研究费、研究试验费、环境影响评价费、工程保险费、工程招标代理费、专利及专用技术使用费、生产准备及开办费；没有引进技术和引进设备。

（7）主材不计取采购代理服务费。主材原价按××市电信管理物资处编制的《电信建设工程概算、预算常用电信器材基础价格目录》取定。本工程用的主材单价如表 5-50 所示。

表 5-50 设备主材单价

序号	设备及材料名称	单 位	价格/元	备 注
1	基站设备	架	10000.00	落地式
2	外围告警监控箱	个	500.00	壁挂式
3	防雷接地装置	套	2000.00	
4	馈线密封窗	个	1000.00	
5	定向天线	副	2000.00	
6	射频同轴电缆(7/8″)	m	2.00	
7	室外馈线走道	m	200.00	
8	7/8″电缆馈线卡子	套	0.20	
9	膨胀螺栓 M10×40	套	1.00	
10	膨胀螺栓 M10×80	套	2.00	
11	膨胀螺栓 M12×80	套	2.50	

（8）主材运距均为 40km，所安装设备均为国产，运距为 220km，不需要中转。

（9）设计范围与分工如下：

① 本工程设计范围主要包括移动基站的天线、馈线、室外走线架等设备的安装及布放，不考虑中继传输电路、供电电源等部分内容。

② 本基站收、发信机架间所有连线、收发信机之间的缆线均由设备供应商提供并负责安装。

③ 基站设备与监控箱、避雷器在同一机房内，设备平面布置及走线架位置由本工程

统一协调安排。

④ 配套工程如土建（包括墙洞）、空调等工程设计和预算未包括在本设计内，由建设单位委托相关设计单位设计。

5.2.5.2 工程量计算

（1）安装移动通信定向天线（单位为副）：3 副。

（2）布放射频同轴电缆（单位为 m）：共有 6 条馈线，总长度＝50m×6＝10m×6＋10m×24＝300m。

其中：基本布放长度为 10m/条（定额 TSW2-023），共有 6 条（10m/条）；

超过 10m 的部分，共有 24 条（10m/条）。

（3）安装基站设备（单位为架）：1 架。

（4）安装基站监控配线箱（单位为个）：1 个。

（5）安装防雷接地装置（单位为套）：1 套。

（6）安装馈线密封窗（单位为个）：1 个。

（7）安装室外馈线走道（单位为 m）：5（水平）＋3（沿外墙垂直）＝8（m）。

（8）基站天、馈线系统调测（单位为条）：6 条。

（9）GSM 基站系统调测（6 个载频）（单位为站）：1 站。

按照上述工程项目，查找定额，汇总工程量如表 5-51 所示。

表 5-51 工程量汇总

序号	定额编号	项目名称	单位	数量
1	TSW1-003	安装室外馈线走道(水平)	m	5
2	TSW1-004	安装室外馈线走道(沿外墙垂直)	m	3
3	TSW2-009	安装定向天线于楼顶铁塔上(高度 20m 以下)	副	3
4	TSW2-023	布放射频同轴电缆 7/8″以下(布放 10m)	条	6
5	TSW2-024	布放射频同轴电缆 7/8″以下(每增加 10m)	条	24
6	TSW1-017	安装防雷接地装置	套	1
7	TSW1-058	安装馈线密封窗	个	1
8	TSW2-036	安装基站设备(落地式)	架	1
9	TSW1-013	安装壁挂式外围告警监控箱	个	1
10	TSW2-032	基站天、馈线系统调测	条	6
11	TSW2-044	GSM 基站系统调测(6 个载频以下)	站	1

5.2.5.3 填写表三甲和表三丙

根据工程量汇总表中的定额，参照附录二中的机械、仪表台班单价定额，分别填写表三甲和表三丙。

（1）建筑安装工程量预算表（表三甲），表格编号为 JZ3J，如表 5-52 所示。

（2）建筑安装工程施工仪器仪表使用费预算表（表三丙），表格编号为 JZ3B，如表 5-53 所示。

表 5-52 建筑安装工程量预算表（表三甲）

工程名称：×××基站设备及馈线安装工程 建设单位名称：×××电信局 表格编号：JZ3J 第 页

序号	定额编号	项 目 名 称	单位	数量	单位定额值		合计值	
					技工	普工	技工	普工
Ⅰ	Ⅱ	Ⅲ	Ⅳ	Ⅴ	Ⅵ	Ⅶ	Ⅷ	Ⅸ
1	TSW1-003	安装室外馈线走道(水平)	m	5	1.00	0.00	5.00	0.00
2	TSW1-004	安装室外馈线走道(沿外墙垂直)	m	3	1.50	0.00	4.50	0.00
3	TSW2-009	安装定向天线于楼顶铁塔上(高度 20m 以下)	副	3	8.00	0.00	24.00	0.00
4	TSW2-023	布放射频同轴电缆 7/8″以下(布放 10m)	条	6	1.50	0.00	9.00	0.00
5	TSW2-024	布放射频同轴电缆 7/8″以下(每增加 10m)	条	24	0.80	0.00	19.20	0.00
6	TSW1-017	安装防雷接地装置	套	1	1.00	0.00	1.00	0.00
7	TSW1-058	安装馈线密封窗	个	1	2.00	0.00	2.00	0.00
8	TSW2-036	安装基站设备(落地式)	架	1	10.00	0.00	10.00	0.00
9	TSW1-013	安装壁挂式外围告警监控箱	个	1	1.50	0.00	1.50	0.00
10	TSW2-032	基站天、馈线系统调测	条	6	4.00	0.00	24.00	0.00
11	TSW2-044	GSM 基站系统调测(6 个载频以下)	站	1	30.00	0.00	30.00	0.00
12		合计					130.20	0.00
13		总计					130.20	0.00

设计负责人：××× 审核：××× 编制：××× 编制日期：××××年×月×日

表 5-53 建筑安装工程施工仪器仪表使用费预算表（表三丙）

工程名称：×××基站设备及馈线安装工程 建设单位名称：×××电信局 表格编号：JZ3B 第 页

序号	定额编号	项目名称	单位	数量	仪表名称	单位定额值		合计值	
						数量/台班	单价/元	数量/台班	合价/元
Ⅰ	Ⅱ	Ⅲ	Ⅳ	Ⅴ	Ⅵ	Ⅶ	Ⅷ	Ⅸ	Ⅹ
1	TSW2-032	基站天、馈线系统调测	条	6	天馈线测试仪	0.50	193	3	579.00
					操作测试终端(电脑)	0.50	74	3	222.00
2	TSW2-044	GSM 基站系统调测(6 个载频以下)	站	1	天馈线测试仪	2.00	193	2	386.00
					操作测试终端(电脑)	2.00	74	2	148.00
					微波频率计	2.00	145	2	290.00
					误码测试仪	2.00	66	2	132.00
3		合计							1757.00

设计负责人：××× 审核：××× 编制：××× 编制日期：××××年×月×日

5.2.5.4 填写表四甲

（1）主材用量。参考工程量汇总表中各定额需要的主要材料，若定额中主要材料是带有括号的和以分数表示的，表示供设计选用，应根据技术要求或工程实际需要来决定；而以“*”号表示的，是由设计确定其用量，需要结合工程实际确定其用量。各定额的主材用量如表 5-54 所示。

表 5-54 主材用量

序号	定额编号	项目名称	工程量	主材名称	规格型号	单位	定额量	主材用量
1	TSW1-003	安装室外馈线走道(水平)	5	室外馈线走道		m	1.01	5.05
2	TSW1-004	安装室外馈线走道(沿外墙垂直)	3	室外馈线走道		m	1.01	3.03
3	TSW2-023	布放射频同轴电缆 7/8″以下(布放 10m)	6	射频同轴电缆	7/8″以下	m	10.20	61.20
				馈线卡子	7/8″以下	套	9.60	57.60
4	TSW2-024	布放射频同轴电缆 7/8″以下(每增加 10m)	24	射频同轴电缆	7/8″以下	m	10.20	244.8
				馈线卡子	7/8″以下	套	8.60	206.4
5	TSW1-017	安装防雷接地装置	1	螺栓	M10×40	套	4.04	4.04
6	TSW1-058	安装馈线密封窗	1	螺栓	M10×40	套	6.06	6.06
7	TSW2-036	安装基站设备(落地式)	1	螺栓	M12×80	套	4.04	4.04
8	TSW1-013	安装壁挂式外围告警监控箱	1	螺栓	M10×80	套	4.04	4.04

(2) 将表 5-54 中的同类材料合并，参照表 5-50 所示的设备主材单价及主材运距填写表四甲，表格编号为 JZ4J-1，如表 5-55 所示。

表 5-55 国内器材预算表（表四甲）（主要材料）表

工程名称：×××基站设备及馈线安装工程

建设单位名称：×××电信局　　表格编号：JZ4J-1　　第　页

序号	名　称	规格程式	单位	数量	单价/元	合计/元	备注
Ⅰ	Ⅱ	Ⅲ	Ⅳ	Ⅴ	Ⅵ	Ⅶ	Ⅷ
1	射频同轴电缆	7/8″以下	m	306	2.00	612	电缆
2	(1)小计					612	
3	(2)运杂费：小计×1.5%					9.18	
4	(3)运输保险费：小计×0.1%					0.61	
5	(4)采购及保管费：小计×1.0%					6.12	
6	(5)采购代理服务费：不计					0	
7	合计 1					627.91	
8	室外馈线走道		m	8.08	200.00	1616	其他
9	馈线卡子	7/8″以下	套	264	0.20	52.8	
10	螺栓	M10×40	套	10.10	1.00	10.1	
11	螺栓	M10×80	套	4.04	2.00	8.08	
12	螺栓	M12×80	套	4.04	2.50	10.1	
13	(1)小计					1697.08	
14	(2)运杂费：小计×3.6%					61.09	
15	(3)运输保险费：小计×0.1%					1.70	
16	(4)采购及保管费：小计×1.0%					16.97	
17	(5)采购代理服务费：不计					0	
18	合计 2					1776.84	
19	合计					2404.75	

设计负责人：×××　　审核：×××　　编制：×××　　编制日期：××××年×月×日

需要安装设备均为国产，运距为220km，不需要中转。如表5-56所示。

表5-56 国内器材预算表（表四甲）（需要安装设备）表

工程名称：×××基站设备及馈线安装工程

建设单位名称：×××电信局　　　表格编号：JZ4J-2　　　第　页

序号	名　称	规格程式	单　位	单价/元	数　量	合计/元
Ⅰ	Ⅱ	Ⅲ	Ⅳ	Ⅴ	Ⅵ	Ⅶ
1	馈线密封窗		个	1000.00	1.00	1000
2	防雷接地装置		套	2000.00	1.00	2000
3	外围告警监控箱	壁挂式	个	500.00	1.00	500
4	定向天线		副	2000.00	3.00	6000
5	基站设备	落地式	架	10000.00	1.00	10000
6	(1)需安装的设备类小计					19500
7	(2)运杂费：小计×1.0%					195
8	(3)运输保险费：小计×0.4%					78
9	(4)采购及保管费：小计×0.82%					159.9
10	(5)采购代理服务费：不计					0
11	总计					19932.9

设计负责人：×××　　审核：×××　　编制：×××　　编制日期：××××年×月×日

5.2.5.5 填写表二

按照题中给定的已知条件，确定每项费用的费率及计费基础，还必须时刻注意费用定额中的注解和说明，同时要填写表中的“依据和计算方法”栏。另外，本工程没有使用施工机械，所以无“大型施工机械调遣费”；工程施工地为城区，所以无“特殊地区施工增加费”。表二的表格编号为JZ2，如表5-57所示。

5.2.5.6 填写表五甲

(1) 勘察费：本工程为移动通信基站设备安装工程，查本书表4-33可知，移动通信基站的勘察费基价为4250元；一阶段设计的勘察费＝4250.00×80%＝3400.00（元）。

(2) 设计费：2200元（给定）。

(3) 工程费＝建筑安装工程费＋需要安装的设备总价值＝20048.34＋19932.9＝39981.24（元）。

(4) 工程建设其他费用预算表（表五甲）的表格编号为JZ5J，如表5-58所示。

5.2.5.7 填写表一

由于本工程编制的是施工图预算，所以可以不列支预备费。工程（预）算总表（表一）的表格编号为JZ1，如表5-59所示。

5.2.5.8 撰写预算编制说明

(1) 工程概况：本工程为×××基站设备及馈线安装工程；按一阶段设计编制预算。本工程共安装基站设备1架、布放7/8″射频同轴电缆240m。预算总价值为48908.11元；总工日130.20工日，均为技工工日。

表 5-57 建筑安装工程费用预算表（表二）

工程名称：×××基站设备及馈线安装工程　建设单位名称：×××电信局　表格编号：JZ2　第　页

序号	费用名称	依据和计算方法	合计/元	序号	费用名称	依据和计算方法	合计/元
Ⅰ	Ⅱ	Ⅲ	Ⅳ	Ⅰ	Ⅱ	Ⅲ	Ⅳ
	建筑安装工程费	一＋二＋三＋四	20048.34	9	冬雨季施工增加费	人工费×2.0％	125
一	直接费	(一)＋(二)	13637.24	10	生产工具用具使用费	人工费×2.0％	125
(一)	直接工程费	1＋2＋3＋4	10483.49	11	施工用水电蒸汽费	不计(给定)	0
1	人工费	(1)＋(2)	6249.6	12	特殊地区施工增加费	不计	0
(1)	技工费	技工总工日(130.20)×48.00	6249.6	13	已完工程及设备保护费	不计(给定)	0
(2)	普工费	普工总工日(0.00)×19.00	0	14	运土费	不计(给定)	0
2	材料费	(1)＋(2)	2476.89	15	施工队伍调遣费	106×5×2	1060
(1)	主要材料费	(表四甲)	2404.75	16	大型施工机械调遣费	不计	0
(2)	辅助材料费	主要材料费×3.0％	72.14	二	间接费	(一)＋(二)	3875
3	机械使用费	(表三乙)	0	(一)	规费	1＋2＋3＋4	2000
4	仪表使用费	(表三丙)	1757.00	1	工程排污费	不计(给定)	0
(二)	措施费	1＋2＋3＋…＋16	3153.75	2	社会保障费	人工费×26.81％	1675.62
1	环境保护费	人工费×1.2％	75	3	住房公积金	人工费×4.19％	261.88
2	文明施工费	人工费×1.0％	62.5	4	危险作业意外伤害保险费	人工费×1.0％	62.5
3	工地器材搬运费	人工费×1.3％	81.25	(二)	企业管理费	人工费×30.0％	1875
4	工程干扰费	人工费×4.0％	250	三	利润	人工费×30.0％	1875
5	工程点交、场地清理费	人工费×2.0％	125	四	税金	(一＋二＋三)×3.41％	661.10
6	临时设施费	人工费×12.0％	750				
7	工程车辆使用费	人工费×6.0％	375				
8	夜间施工增加费	人工费×2.0％	125				

表 5-58 工程建设其他费用预算表（表五甲）

单项工程名称：×××基站设备及馈线安装工程

建设单位名称：×××电信局　表格编号：JZ5J　第　页

序号	费用名称	计算依据及方法	金额/元	备注
Ⅰ	Ⅱ	Ⅲ	Ⅳ	Ⅴ
1	建设用地及综合赔补费	不计(给定)	0	
2	建设单位管理费	工程费×1.5％	599.72	工程费为39981.24元
3	可行性研究费	不计(给定)	0	
4	研究试验费	不计(给定)	0	
5	勘察设计费	勘察费＋设计费	5600	勘察费:3400.00元,设计费:2200.00元
6	环境影响评价费	不计(给定)	0	
7	劳动安全卫生评价费	200(给定)	200	

续表

序号	费用名称	计算依据及方法	金额/元	备注
Ⅰ	Ⅱ	Ⅲ	Ⅳ	Ⅴ
8	建设工程监理费	建筑安装工程费×4.5%(给定)	902.16	双方约定
9	安全生产费	建筑安装工程费×1.0%	200.48	建筑安装工程费为20048.34元(见表5-57)
10	工程质量监督费	已取消	0	
11	工程定额测定费	已取消	0	
12	引进技术和引进设备其他费	无	0	
13	工程保险费	不计(给定)	0	
14	工程招标代理费	不计(给定)	0	
15	专利及专用技术使用费	不计(给定)	0	
	总计		7502.36	
16	生产准备及开办费(运营费)	不计(给定)		

设计负责人：××× 审核：××× 编制：××× 编制日期：××××年×月×日

表 5-59 工程预算总表（表一）

建设项目名称：×××市电信公司接入网 工程名称：×××基站设备及馈线安装工程

建设单位名称：×××电信局 表格编号：JZ1 第 页

序号	表格编号	费用名称	小型建筑工程费	需要安装的设备费	不需要安装的设备、工器具费	建筑安装工程费	其他费用	总价值	
			/元					人民币/元	其中外币/( )
Ⅰ	Ⅱ	Ⅲ	Ⅳ	Ⅴ	Ⅵ	Ⅶ	Ⅷ	Ⅸ	Ⅹ
1	JZ2	建筑安装工程费				20048.34		20048.34	
2	JZ4J-2	需要安装设备费		19932.9				19932.9	
3	JZ5J	工程建设其他费					7502.36	7502.36	
4		合计						47483.6	
5		预备费(合计×3%)						1424.51	
6		总计						48908.11	

设计负责人：××× 审核：××× 编制：××× 编制日期：××××年×月×日

（2）编制依据：

① 施工图设计图样及说明。

② 工信部［2008］75号关于发布《通信建设工程概算、预算编制办法及费用定额》。

③ ××市电信管理局物资处编制的《××市电信建设工程概算、预算常用电信器材基础价格目录》。

④ 通信建设工程预算定额第三册《无线通信设备安装工程》。

⑤ 通信建设工程施工机械、仪表台班定额。

（3）工程技术经济指标分析：本单项工程总投资48908.11元。其中建筑安装工程费20048.34元；工程建设其他费7502.36元；需要安装设备费19932.9元，预备费为1424.51元。

（4）其他需说明的问题（略）。

5.3 实训概预算软件的应用

5.3.1 概预算软件的认识

工程概预算文件的编制工作十分繁琐，是一个信息的收集、传递、加工、保存和运用的过程，需要人们花费大量的时间进行分析、计算和汇总。计算机具备高速度、高可靠性和存储能力，可以减轻概预算人员的劳动强度，因此，无论是建设单位、设计单位，还是施工单位都广泛地应用计算机进行工程概预算文件的编制与管理，这也是现代化生产的必然趋势。

北京的成捷讯、瑞地、天津的网天、广东建软等许多公司都开发《通信工程概预算》专用软件。由于广东建软软件技术公司能够提供学习版软件，可方便初学者学习，本书就以该公司开发的《超人通信工程概预算 2008 版》为例讲解。

5.3.1.1 软件特点

《超人通信工程概预算 2008 版》由概预算编制、系统维护及数据三部分组成，实现了通信工程设计、施工、竣工验收等各阶段造价管理的自动化处理。该系统具有广泛适用、定额完整、功能齐全、操作方便和计费灵活等特点，适用于通信线路工程、通信设备安装工程和通信管道工程的新建、扩建、改建的概算、预算、结算以及决算的编制工作。其主要功能及特点如下。

(1) 完整的通信工程概预算定额和标准的表格输出　软件中已包含所有的通信工程概预算定额和补充定额，软件中所提供的五类共十张概预算表格都是严格按照部颁标准设计，用户也可根据自己的需要对表格编号进行设置或修改。

(2) 用户主材库设置　用户可根据自身需要定制自己的材料库及设备库（可同时定制多个），以供材料或设备批量录入时选用，可大大缩小选择范围，提高录入效率。用户材料库、设备库也提供导入导出功能，可随时将自己的材料库、设备库导出后给其他用户使用。

(3) 项目汇总　可由几个单位工程组成一个单项工程或由几个单项工程组成一个建设项目，汇总后可直接预览、打印汇总结果（所见即所得）。如果某个工程数据发生变化，系统可对汇总工程重新进行计算。

(4) 可自动生成绝大部分的数据　表三甲的工程量数据需要手动输入，根据表三甲的数据，能够自动生成单个定额的主材，还可以自动生成其他表格。当然，生成后的材料数据和其他表格都可手动修改。

5.3.1.2 软件的获得与安装

通过互联网访问网址 http：//www. cryjs. com/，在主页的“下载中心”下载学习版软件，学习版除不支持打印输出外，其他功能与注册版基本相同。下载后，按照软件的提示安装即可。

安装完成后，双击桌面上的软件图标，在弹出的“在线服务”窗口中填写注册信息；提交后，弹出“系统登陆”对话框，输入登陆信息或单击“退出”按钮；浏览一下软件的“日积月累”窗口，单击“确定”按钮，打开的软件界面如图 5-8 所示。

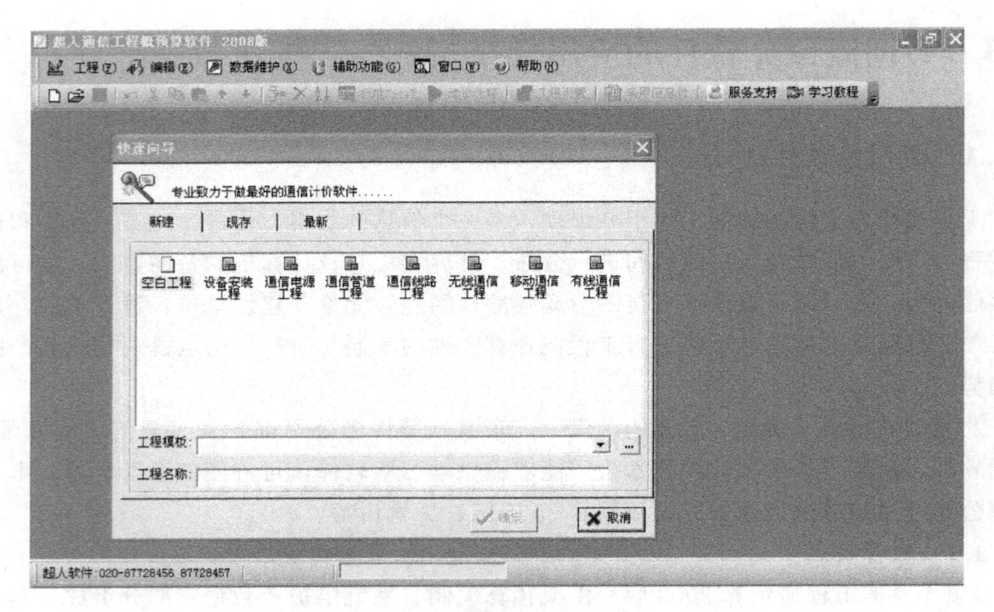

图 5-8 超人通信工程概预算 2008 版软件界面

在使用软件之前，要对工程项目的基本情况认真分析，取定主材单价，根据设计图纸统计工程量。使用软件要经过建立并设置项目信息、录入表三甲数据、生成并修改主材、刷新各表数据和预览打印等五个步骤。

5.3.2 概预算软件的应用向导

为了使概预算软件应用的介绍言简意明，以一个工程施工图预算为例学习。

5.3.2.1 交接箱配线管道电缆线路工程设计预算

(1) 已知条件

① 本工程是××市××局交接箱配线管道电缆线路单项工程一阶段设计预算。

② 本工程为四类工程，由三级施工企业施工；施工企业距施工现场 12km。

③ 不计取建设用地及综合赔补费；勘察设计费按 2000 元计取。

④ 本工程不计取已完工程及设备保护费、运土费、工程排污费、可行性研究费、研究试验费、环境影响评价费、工程保险费、工程招标代理费、专利及专用技术使用费、生产准备及开办费；没有引进技术和引进设备。

⑤ 施工用水电蒸汽费按 300 元计取；劳动安全卫生评价费按 300 元计取。

⑥ 主材不计取采购代理服务费。主材原价按××市电信管理物资处编制的《电信建设工程概算、预算常用电信器材基础价格目录》取定。本工程用的主材单价如表 5-60 所示。

⑦ 主材运距：电缆、钢材及其他类主材为 120km 以内；塑料及塑料制品为 50km 以内。

⑧ 电缆托板按设计共需 18 块。

⑨ 电缆敷设方式为人工布放；接续电缆芯线的方式为模块接续方式（25 回线模块）。

⑩ 3 个人孔有积水。

表 5-60　主材单价

序　号	主 材 名 称	规 格 程 式	单　位	单价/元
1	市话全塑充油电缆	T6-0.5	m	138.80
2	托板塑料垫		块	0.78
3	电缆托板		块	2.00
4	接线模块(25 回线)	4000DWP	块	16.20
5	充油膏接头套管	ϕ130×900	套	814.90
6	热缩端帽(不带气门)		个	15.70
7	热缩端帽(带气门)		个	22.50
8	镀锌铁线	ϕ1.5mm	kg	3.00
9	镀锌铁线	ϕ4.0mm	kg	2.50
10	充油电缆接头用油膏剂		kg	9.00
11	尼龙固定卡带		根	1.00
12	尼龙网套		m	6.50

（2）工程量汇总　如表 5-61 所示。

表 5-61　工程量汇总

序　号	定 额 编 号	工 程 量 名 称	单　位	数 量
1	TXL1-002	施工测量	100m	1.255
2	TGD1-034	人孔抽水(弱水流)	个	3.0
3	TXL4-075	布放交接箱成端电缆(600 对以下)	条	1.0
4	TXL4-048	布放引上电缆(杆上或墙上引 200 对以上)	条	1.0
5	TXL4-019	人工敷设管道电缆(800 对以下)	1000 米条	0.125
6	TXL5-128	电缆芯线接续(0.60mm 以下模块式)	100 对	6.0
7	TXL5-145	充油套管接续(ϕ130×900 以下)	个	1.0
8	TXL5-178	配线电缆全程测试	100 对	6.0

5.3.2.2　建立项目

（1）新建项目：在“工程”菜单中选择“新建项目”或直接在弹出的“快速向导”窗口中，根据工程性质选中“通信线路工程”，并输入工程名称，单击“确定”按钮。

（2）打开已有项目：单击“工程”菜单中的“打开项目”子菜单，在弹出的窗口中选择已有项目，单击“打开”按钮。

5.3.2.3　设置工程属性

新建项目或单击工具栏上的“工程设置”按钮，都会弹出“工程属性”设置窗口。

（1）设置项目“基本信息”：按照工程项目的实际情况，在“工程属性”设置窗口中填写“基本信息”对话框，完成后如图 5-9 所示。

填写说明如下。

① 文件类型：分为概算、预算、结算和决算，根据设计类型选择。

② 项目编号：是唯一识别一个项目的编号（不可重复），用户无法创建相同项目编号

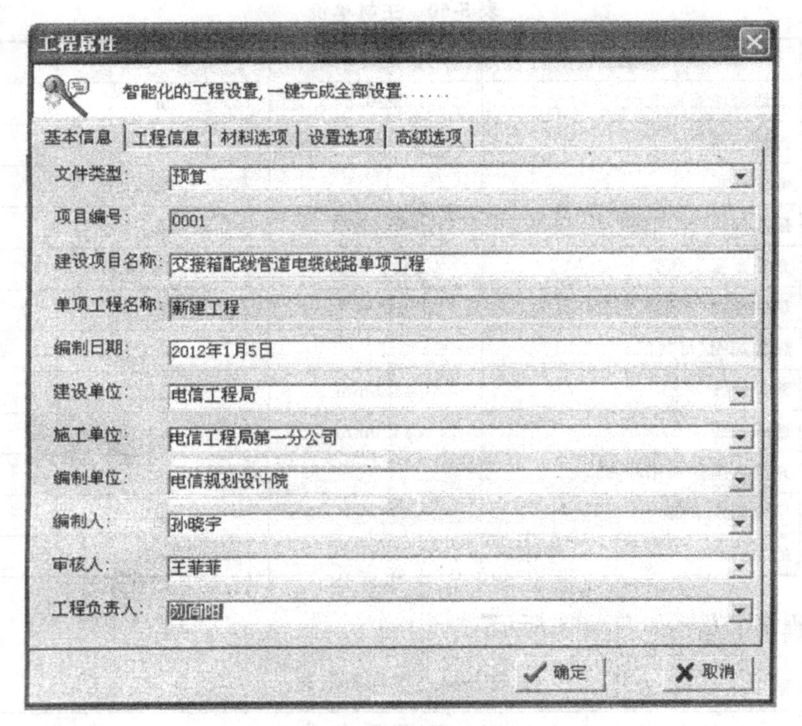

图 5-9 基本信息对话框

的项目。用户在创建完一个新项目后，还可以更改该项目的项目编号，但是更改后的项目编号不能与已有的项目编号重复。

③ 单项工程名称：不能重复，应保持当前项目中单项工程名称的唯一性。

（2）设置项目“工程信息”：在“工程属性”设置窗口中填写“工程信息”对话框，完成后如图 5-10 所示。

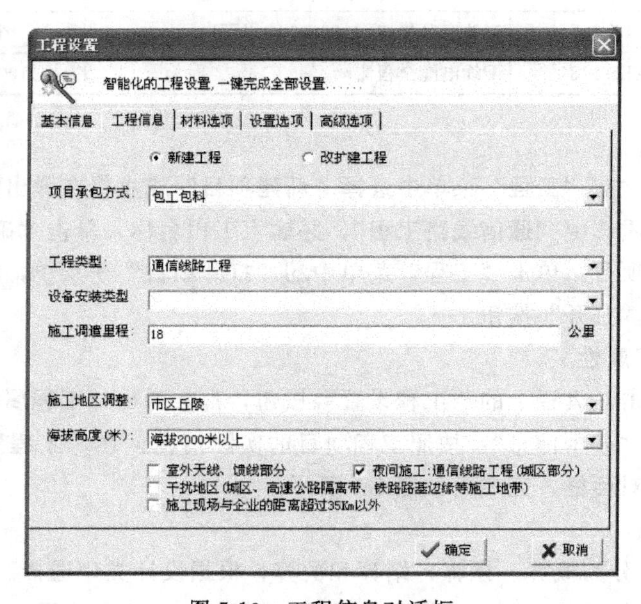

图 5-10 工程信息对话框

填写说明如下。

① 新建工程或改扩建工程：表三甲中对改扩建工程进行工日调整。

② 项目承包方式：分为包工包料和包工不包料两种情况，该选项会影响施工项目承包费（表一）、材料采购及保管费（表四）。

③ 工程类型：分为通信线路、设备安装、通信管道。

④ 施工调遣里程：按施工企业基地至工程所在地的里程计算，即工程所在地距施工企业基地距离，该数值会影响表二甲的临时设施费、施工队伍调遣费以及大型施工机械调遣费。

⑤ 施工地区调整：只对通信线路工程有效。

⑥ 海拔高度：只对高原地区设置才有效。

(3) 设置项目“材料选项”：在“工程属性”设置窗口中填写“材料选项”对话框，完成后如图 5-11 所示。

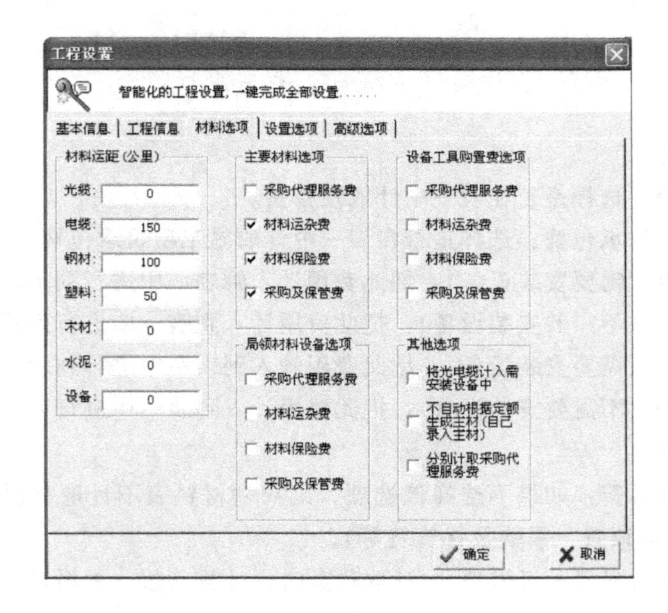

图 5-11　材料选项对话框

填写说明如下。

① 材料运距（公里）：材料运距是材料运杂费的计算依据，设备运距是设备、工器具运杂费的计算依据。

② 设备的供销部门手续费：供销部门手续费费率按两级中转考虑的为 1.5%；不需中转的考虑为 1%。

③ 主要材料、局领材料、设备工具购置费选项：包括是否计取供销部门手续费、材料运杂费、材料保险费、采购及保管费以构成材料价格。

④ 其他选项：是否把光（电）缆计入到设备中，不计入主要材料。

(4) 设置项目“设置选项”：在“工程属性”设置窗口中填写“设置选项”对话框，完成后如图 5-12 所示。

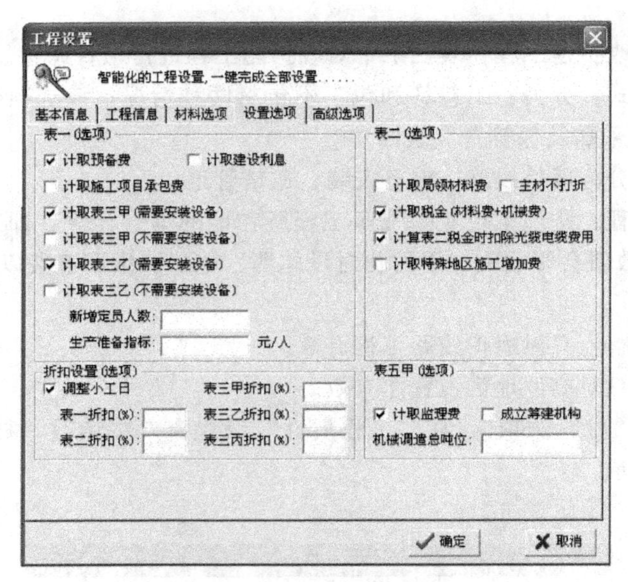

图 5-12　设置选项对话框

1）表一（选项）

① 计取预备费：选择是否在表一中计取预备费。

② 计取施工项目承包费：选择是否在表一中计取施工项目承包费。

③ 计取表三甲（需要安装设备）：把此费用计入到表一中进行列示。

④ 计取表三甲（不需要安装设备）：把此费用计入到表一中进行列示。

⑤ 计取表三乙（需要安装设备）：把此费用计入到表一中进行列示。

⑥ 计取表三乙（不需要安装设备）：把此费用计入到表一中进行列示。

2）表二（选项）

① 计取局领材料费：如果不选择该选项，则局领材料表不计取材料原价的合计，只计取相关费用（如运杂费、采购及保管费等）。

② 计取税金（材料费＋机械费）：计取税金时，计算基数＝材料费＋机械费。

③ 计取税金时扣除光电缆费用：通信线路工程计取税金时将光缆、电缆的预算价从直接工程费中核减。

④ 计取特殊地区施工增加费：选择是否计取表二中的特殊地区施工增加费。

3）折扣设置（选项）

① 调整小工日：选择是否要对表三甲进行小工日调整。

② 表三甲折扣、表三乙折扣：可以对表三甲、表三乙的“合计”进行打折，选择该选项后，表格中多出一条折扣记录，打折＝合计×打折率。

4）表五甲（选项）

① 计取监理费：选择是否计取表五甲中的监理费。

② 成立筹建机构：该选项影响表五甲中建设单位管理费的取定。

（5）设置项目“高级选项”：在“工程属性”设置窗口中填写“高级选项”对话框，完成后如图 5-13 所示。

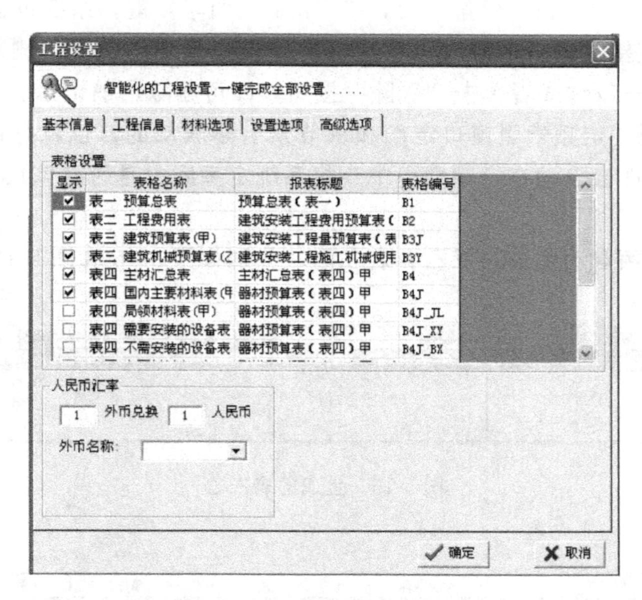

图 5-13 高级选项对话框

① 显示：设置相关表格是否在选项页中显示。

② 表格名称：表格名称，不能修改。

③ 报表标题：在报表输出中此表格的标题名称。

④ 表格编号：在报表输出中此表格的表格编号。

5.3.2.4 录入表三甲数据

单击主界面中的预算表切换按钮“表三 工程预算表”，根据计算的工程量，录入到表三甲中，完成后如图 5-14 所示。

序号	定额编号	项目名称	单位	数量	单位技工	单位普工	结算技工	结算普工	系数1	系数2	备注
1	TXL1-002	架空光（电）缆工程施工测量	100m	1.255	6	2	0.75	0.25	1	1	
2	TGD1-034	人孔坑抽水 弱水流	个	3.000	.5	3.5	1.50	10.50	1	1	
3	TXL4-075	布放交接箱成端电缆 600对 以下	条	1.000	7.6	0	7.60	0.00	1	1	
4	TXL4-048	穿放引上电缆 200对 以上	条	1.000	.48	.96	0.48	0.96	1	1	
5	TXL4-019	人工敷设管道电缆 800对 以下	千米条	0.000	17.79	30.26	0.00	0.00	1	1	
6	TXL4-019	人工敷设管道电缆 800对 以下	千米条	0.125	17.79	30.26	2.22	3.78	1	1	
7	TXL5-128	电缆芯线接续 0.6 以下 模块式	百对	6.000	.66	0	3.96	0.00	1	1	
8	TXL5-145	充油膏套管接续 φ130×900 以下	个	1.000	1.53	.38	1.53	0.38	1	1	
9	TXL5-178	配线电缆	百对	6.000	1.5	0	9.00	0.00	1	1	
10		小计					27.05	15.87	1	1	
11		市话工程小工日调整(小计×15%)					4.06	2.38	.15	.15	
12		合计					31.11	18.25	1	1	
13		总计					31.11	18.25	1	1	

图 5-14 表三甲项目记录

填写说明如下。

① 在定额索引窗口的定额列表中找到要录入的定额，双击该定额，即可将其录入到表三甲表格中，此时输入光标自动定位到表三甲表格中的“数量”中，等待用户录入数量。

② 单击“新建”快捷按钮，即可新建一个记录，同时光标定位到“数量”字段，等

待用户输入；当输入光标在“数量”时，按Enter（回车）键，系统也会新建一条记录。

③ 编辑时，直接在表格中修改，系统自动处理修改后的数据；删除时，先选择要删除的记录，按Ctrl+D键或者单击“删除”按钮，即可删除当前记录。

④ 表三甲记录、定额索引窗口定额和章节索引是联动的，也就是说，单击表三甲的某个定额记录，软件会自动在定额索引中查找系统定额库中是否有该定额，如果有，则定位到该定额。

软件可根据定额自动生成表三乙和表三丙，分别如图5-15和图5-16所示。

序号	定额编号	项目名称	机械名称	单位	数量	单位数量	单位单价	结算数量	结算合价	备注	自动
1	TGD1-034	人孔坑抽水 弱水流	污水泵	台班	3	4	56	12.00	672.00		☑
2		小计						0.00	672.00		☑
3		合计						0.00	672.00		☑
4		总计						0.00	672.00		☑

图5-15 生成的表三乙

序号	定额编号	项目名称	仪表名称	单位	数量	单位数量	单位单价	结算数量	结算合价	备注	自动
1	TXL1-002	架空光（电）缆工程施工测量	地下管线探测仪	台班	1.255	.05	173	0.06	10.86		☑
2		小计						0.00	10.86		☑
3		合计						0.00	10.86		☑
4		总计						0.00	10.86		☑

图5-16 生成的表三丙

5.3.2.5 填写表四

单击主界面中的预算表切换按钮“表四 器材预算表”，在“主材汇总表”中填写主材价格，完成后如图5-17所示。

序号	材料编号	名称	规格程式	单位	数量	单价	合计	类别	材料来源	备注	自动
1	143	电缆	T6-0.5	m	126.875	138.80	17610.25	电缆	自购主材		☑
2	592	托板塑料垫		块	4.419	0.78	3.45	钢材及其它	自购主材		☑
3	579	油膏剂		kg	4.670	9.00	42.03	钢材及其它	自购主材		☑
4	344	接线模块（25回线）	4000DWP	块	24.240	16.20	392.69	钢材及其它	自购主材		☑
5	194	镀锌铁线 ф4.0		kg	6.218	2.50	15.54	钢材及其它	自购主材		☑
6	191	镀锌铁线 ф1.5		kg	0.481	3.00	1.44	钢材及其它	自购主材		☑
7	149	电缆托板		块	4.419	2.00	8.84	钢材及其它	自购主材		☑
8	101	充油膏接头套管	130×900	套	1.010	814.90	823.05	钢材及其它	自购主材		☑
9	467	热缩端帽（带气门）		个	3.030	22.50	68.18	塑料及塑料	自购主材		☑
10	466	热缩端帽（不带气门）		个	2.020	15.70	31.71	塑料及塑料	自购主材		☑
11	413	尼龙网套		m	1.800	6.50	11.70	塑料及塑料	自购主材		☑
12	412	尼龙固定卡带		根	2.020	1.00	2.02	塑料及塑料	自购主材		☑

图5-17 主材汇总表

填写说明如下。

① 主材汇总表中列出了表三甲工程量所关联的所有材料。

② 用户可以在中间表中修改材料记录，按【Del】键可以删除当前材料记录，按【Insert】键可以新建一条材料记录。

单击“表四 器材预算表”中的“主要材料表”，如图5-18所示。

5.3.2.6 表五甲的填写

表五甲的数据都是程序根据基础费率自动生成的，不需要手动修改，但是在一些特殊

序号	材料编号	名称	规格程式	单位	数量	单价	合计	类别	备注	自动
1	143	电缆	T6-0.5	m	126.875	138.80	17610.25	电缆		☑
2		电缆(小计)					17610.25	电缆		☑
3		电缆运杂费(类小计×1.7%)					299.37	电缆		☑
4		钢材及其它					0.00	钢材及其它		☑
5	101	充油膏接头套管	130×900	套	1.010	814.90	823.05	钢材及其它		☑
6	149	电缆托板		块	4.419	2.00	8.84	钢材及其它		☑
7	191	镀锌铁线 φ1.5		kg	0.481	3.00	1.44	钢材及其它		☑
8	194	镀锌铁线 φ4.0		kg	6.218	2.50	15.54	钢材及其它		☑
9	344	接线模块(25回线)	4000DWP	块	24.240	16.20	392.69	钢材及其它		☑
10	592	托板塑料垫		块	4.419	0.78	3.45	钢材及其它		☑
11	579	油膏剂		kg	4.670	9.00	42.03	钢材及其它		☑
12		钢材及其它(小计)					1287.04	钢材及其它		☑
13		钢材及其它运杂费(类小计×3.6%)					46.33	钢材及其它		☑
14		塑料及塑料制品					0.00	塑料及塑料		☑
15	467	热缩端帽(带气门)		个	3.030	22.50	68.18	塑料及塑料		☑
16	466	热缩端帽(不带气门)		个	2.020	15.70	31.71	塑料及塑料		☑
17	413	尼龙网套		m	1.800	6.50	11.70	塑料及塑料		☑
18	412	尼龙固定卡带		根	2.020	1.00	2.02	塑料及塑料		☑
19		塑料及塑料制品(小计)					113.61	塑料及塑料		☑
20		塑料及塑料制品运杂费(类小计×4.3%)					4.89	塑料及塑料制品		☑
21		分类小计					19010.90	小计		☑
22		采购及保管费(小计×1.1%)					209.12	小计		☑
23		运输保险费(小计×.1%)					19.01	小计		☑
24		合计					578.72	小计		☑
25		总计					19589.62	小计		☑

图 5-18　主要材料表

情况下，用户也可以手动修改表五甲的数据。修改时，双击要修改的表格单元，再输入需要的内容即可。填写完成后的表五甲如图 5-19 所示。

序号	费用名称	计算依据及方法	金额	备注	自动
1	建设用地及综合赔补费	不计取	0.00		☑
2	建设单位管理费	工程费×1.5%	378.27		☑
3	可行性研究费	不计取	0.00		☑
4	研究试验费	不计取	0.00		☑
5	勘察设计费	2000	2000.00		☑
6	环境影响评价费	不计取	0.00		☑
7	劳动安全卫生评价费	300	300.00		☑
8	建设工程监理费		1109.58		☑
	(1)设计阶段(含设计招标)	M×0.40%	100.87		☑
	(2)施工(含施工招标)及保修	M×4.00%	1008.71		☑
9	安全生产费	建筑安装工程费×1%	252.18		☑
10	工程质量监督费	已取消	0.00		☑
11	定额编制管理费	已取消	0.00		☑
12	引进技术和引进设备其他费	不计取	0.00		☑
13	工程保险费	不计取	0.00		☑
14	工程招标代理费	不计取	0.00		☑
15	专利及专用技术使用费	不计取	0.00		☑
	总计		4040.03		☑

图 5-19　填写完成的表五甲

5.3.2.7　工程费用表（表二）

软件能够根据工程设置自动生成工程费用表（表二），但有些费用需要手工填写，例如施工用水电蒸汽费、已完工程及设备保护费等。完成后的工程费用表（表二）如图 5-20

所示。

序号	费用名称	依据和算法	合计	备注
(2)	普工费	普工总工日×19.00	346.75	
2.	材料费	(1)+(2)	19648.39	
(1)	主要材料费	国内主材	19589.62	
(2)	辅助材料费	主材费×0.3%	58.77	
3.	机械使用费	机械费合计	672.00	
4.	仪表使用费	仪表费合计	10.66	
(二)	措施费		1102.80	
1.	环境保护费	人工费×1.5%	27.60	
2.	文明施工费	人工费×1%	18.40	
3.	工地器材搬运费	人工费×5%	92.00	
4.	工程干扰费			
5.	工程点交、场地清理费	人工费×5%	92.00	
6.	临时设施费	人工费×5%	92.00	
7.	工程车辆使用费	人工费×6%	110.40	
8.	夜间施工增加费	人工费×3%	55.20	
9.	冬雨季施工增加费	人工费×2%	36.80	
10.	生产工具用具使用费	人工费×3%	55.20	
11.	施工用水电蒸汽费	300	300.00	
12.	已完工程及设备保护费	不计取	0.00	
13.	运土费			
14.	施工队伍调遣费	单位调遣费定额×调遣人数×2	0.00	
15.	大型施工机械调遣费	2×0.62×调遣运距×总吨位	223.20	
二	间接费	(一)+(二)	1140.82	
(一)	规费		588.81	
1.	工程排污费	人工费×0%	0.00	
2.	社会保障费	人工费×26.81%	493.31	
3.	住房公积金	人工费×4.19%	77.10	
4.	危险作业意外伤害保险费	人工费×1%	18.40	
(二)	企业管理费	人工费×30%	552.01	
三	利润	人工费×30%	552.01	
四	税金	(一+二+三-光电缆费)×3.41%	250.66	

图 5-20　工程费用表（表二）

5.3.2.8　预算总表

单击主界面中的预算表切换按钮“表一 预算总表”，表一的数据都是程序根据表二、表五自动生成的，不需要手动修改。如图 5-21 所示。

序号	表编号	工程或费用名称	小型建筑工程费	需要安装的设备	不需安装的设备	建筑安装工程费	其他费用	预备费	总价值_人民币	总价值_外币	自动
1	B2	建筑安装工程费	0.00	0.00	0.00	25217.77	0.00	0.00	25217.77	25217.77	☑
2	B4J_XY	(国内)需要安装的设备	0.00	0.00	0.00	0.00	0.00	0.00	0.00	0.00	☑
3	B4Y_XY	(引进)需要安装的设备	0.00	0.00	0.00	0.00	0.00	0.00	0.00	0.00	☑
4	B4Y_BX	(引进)不需安装的设备	0.00	0.00	0.00	0.00	0.00	0.00	0.00	0.00	☑
5		工程费(建筑安装工程费+设备费)	0.00	0.00	0.00	25217.77	0.00	0.00	25217.77	25217.77	☑
6	B5J	工程建设其他费	0.00	0.00	0.00	0.00	4040.03	0.00	4040.03	4040.03	☑
7	B5y	引进工程建设其他费	0.00	0.00	0.00	0.00	0.00	0.00	0.00	0.00	☑
8		小计(工程费+其他费)	0.00	0.00	0.00	25217.77	4040.03	0.00	29257.80	29257.80	☑
9		预备费[(工程费+其他费)×4%]	0.00	0.00	0.00	0.00	0.00	1170.31	1170.31	1170.31	☑
10		总计	0.00	0.00	0.00	25217.77	4040.03	1170.31	30428.11	30428.11	☑

图 5-21　自动生成的表一

要预览报表打印效果，可以单击主界面中的预算表切换按钮“报表输出”，可以预览报表的打印效果。

1. 根据已知条件，编制“预算总表（表一）”、“建筑安装工程费用预算表（表二）”、“器材预算表（表四甲）”、“工程建设其他费用预算表（表五甲）”，计算结果精确到两位小数。

已知条件：

（1）本工程为新建市话架空电缆线路单项工程，要求编制一阶段设计预算。

（2）本工程建设单位为××市电话局。

（3）本工程为四类工程，施工地点在城区内。

（4）本工程承建施工企业为四级施工企业，施工企业基地距工程所在地为40km。

（5）本工程施工由××监理公司监理，其监理费费率按建筑安装工程费的3.4%计取。

（6）建设用地及综合赔补费为5000元。

（7）工程勘察设计费为10000元。

（8）工地运土费为1000元。

（9）本工程不计取已完工程及设备保护费、工程排污费、可行性研究费、研究试验费、环境影响评价费、工程保险费、工程招标代理费、专利及专用技术使用费、生产准备及开办费；没有引进技术和引进设备。

（10）本工程技工工日为360工日，普工工日为520工日。

（11）机械使用费为500元，无大型施工机械；仪表使用费为800元。

（12）主要材料用量及单价，如表5-62所示，其中木材、电缆运距均为500km。

表5-62 主要材料用量及单价

序号	材料名称	单位	数量	单价/元	
				出厂价	预算价
1	8m水泥杆	根	53	280	
2	全塑电缆(HYA400×0.4mm)	m	4000	150	
3	全塑电缆(HYA50×0.6mm)	m	150	22	
4	全塑电缆(HYA20×0.5mm)	m	150	12	
5	其他主要材料	批	1		2000

2. 根据已知条件，编制“预算总表（表一）”、“建筑安装工程费用预算表（表二）”、“器材预算表（表四甲）”、“工程建设其他费用预算表（表五甲）”，计算结果精确到两位小数。

已知条件：

（1）本工程为××公司长途埋式光缆线路单项工程，路由长度50km，本设计为二阶段施工图设计。

（2）本工程为二类工程，由二级施工企业施工，施工企业基地距施工现场250km。

（3）本工程在城外施工，施工所在地为非特殊地区。

（4）本工程施工委托监理公司监理，监理费按《信息产业部关于发布通信工程建设监理计费标准规定(试行)的通知》的上限取定。

（5）综合赔补费按25000.00元计取。

（6）勘察设计费按25000.00元计取。

（7）机械使用费为8000.00元，仪表使用费为2000元。

（8）本工程技工工日为1500.00工日；普工工日为3000.00工日。

（9）大型施工机械调遣总吨位为10.5t。

（10）本工程不计取施工用水电蒸汽费、已完工程及设备保护费、运土费、工程排污费、可行性研究费、研究试验费、环境影响评价费、工程保险费、工程招标代理费、专利及专用技术使用费、生产准备及开办费；没有引进技术和引进设备。

（11）主要材料用量及单价，如表5-63所示，其中光缆运距为1000km；其他主材运距均为200km。

表 5-63 主要材料用量及单价

序号	名　称	规格程式	单位	数量	单价/元	
					原价	预算价
1	埋式光缆	36 芯	km	48.00	25500.00	
2	钢丝铠装光缆	36 芯	km	3.20	52500.00	
3	板方材		m^3	0.86		1450.00
4	普通标石	(140×140×1000)mm	个	363.00		67.00
5	水泥	＃325	t	1.50	350.00	
6	水泥盖板		块	200.00	12.00	
7	粗砂		m^3	3.00		26.00
8	毛石		kg	52.00		27.00
9	镀锌铁线	ϕ1.5mm	kg	52.00	80.00	
10	镀锌铁线	ϕ3.0mm	kg	26.00	80.00	
11	镀锌铁线	ϕ4.0mm	kg	26.00	80.00	
12	镀锌钢管	ϕ80mm	m	60.00	47.00	

3. 根据已知条件，编制“预算总表（表一）”、“建筑安装工程费用预算表（表二）”、“器材预算表（表四甲）”、“器材预算表（表四甲）(需要安装设备表)”、“工程建设其他费用预算表（表五甲）”，计算结果精确到两位小数。

已知条件：

(1) 本工程为××市数字移动通信（GSM）网光传输系统 SDH 设备安装工程，本工程包括市区内 10 个基站的传输设备安装。

(2) 本工程为二类工程，目前为初步设计阶段。

(3) 本工程由一级施工企业承担施工，企业基地距工程所在地 50km。

(4) 设备安装总工日为 600 工日，均为技工工日。

(5) 施工用、水、蒸汽费为 500 元/站。

(6) 工程所在地属平原地区。

(7) 不计取机械使用费；仪表使用费为 3000 元。

(8) 设计费按 12000 元/站计取。

(9) 建设单位成立筹建机构，不委托监理。

(10) 主要材料成本原价：光缆 25000 元，钢材及其他 5000 元。

(11) 本工程不计取建设用地综合赔补费、已完工程及设备保护费、运土费、工程排污费、可行性研究费、研究试验费、环境影响评价费、工程保险费、工程招标代理费、专利及专用技术使用费、生产准备及开办费；没有引进技术和引进设备。

(12) 设备不需要中转，并由厂家送货至工地。

(13) 主要材料用量及单价，如表 5-64 所示。

表 5-64 主要材料用量及单价

序号	名　称	单位	数量	单价/元
1	155mbit/sSDH 系统设备	系统/架	10	130000
2	ODF/DDF 综合架	架	10	20000

附 录

附录一 通信工程预算定额

通信建设工程预算定额的内容较多，这里仅根据本书的教学需要，摘录第三册《无线通信设备安装工程》、第四册《通信线路工程》和第五册《通信管道工程》的部分内容。

第三册 《无线通信设备安装工程》部分定额

第一章 安装机架、缆线及辅助设备

安装室内外缆线走道见附表 1-1。

安装机架（柜）、配线板（箱）、附属设备见附表 1-2。

附表 1-1 安装室内外缆线走道

编　号	名　称	单　位	技工工日	普工工日
TSW1-001	安装室内电缆槽道	m	0.50	
TSW1-002	安装室内电缆走线架	m	0.40	
TSW1-003	安装室外馈线走道(水平)	m	1.00	
TSW1-004	安装室外馈线走道(沿外墙垂直)	m	1.50	
TSW1-005	安装软光纤走线槽	m	0.30	

附表 1-2 安装机架（柜）、配线板（箱）、附属设备

编　号	名　称	单　位	技工工日	普工工日
TSW1-006	安装综合架、柜	架	2.5	
TSW1-008	安装电源分配柜、箱(落地式)	架	3	
TSW1-009	安装电源分配柜、箱(壁挂式)	架	2	
TSW1-010	安装数字分配架、箱(落地式)	架	5	
TSW1-011	安装数字分配架、箱(壁挂式)	架	2.5	
TSW1-012	安装数字、光分配架单元	个	0.25	
TSW1-013	安装壁挂式外围告警监控箱	个	1.5	

第二章 安装移动通信设备

安装移动通信天线见附表 1-3。

安装移动通信馈线见附表 1-4。

安装、调测天线、馈线附属设备见附表 1-5。

调测天线、馈线系统见附表1-6。

安装、调测基站设备见附表1-7。

附表1-3 安装移动通信天线

编号	名称	单位	技工工日	普工工日
TSW2-001	安装全向天线 楼顶铁塔上(高度)(20m以下)	副	7	
TSW2-002	安装全向天线 楼顶铁塔上(高度)(20m以上每增加10m)	副	1	
TSW2-003	安装全向天线 地面铁塔上(高度)(40m以下)	副	8	
TSW2-004	安装全向天线 地面铁塔上(高度)(40m以上至80m以下每增加10m)	副	1	
TSW2-005	安装全向天线 地面铁塔上(高度)(80m以上至90m以下)	副	16	
TSW2-006	安装全向天线 地面铁塔上(高度)(90m以上每增加10m)	副	2	
TSW2-009	安装定向天线 楼顶铁塔上(高度)(20m以下)	副	8	
TSW2-010	安装定向天线 楼顶铁塔上(高度)(20m以上每增加10m)	副	1	
TSW2-011	安装定向天线 地面铁塔上(高度)(40m以下)	副	9	
TSW2-012	安装定向天线 地面铁塔上(高度)(40m以上至80m以下每增加10m)	副	1	
TSW2-013	安装定向天线 地面铁塔上(高度)(80m以上至90m以下)	副	17	
TSW2-014	安装定向天线 地面铁塔上(高度)(90m以上每增加10m)	副	2	

附表1-4 安装移动通信馈线

编号	名称	单位	技工工日	普工工日
TSW2-021	布放射频同轴电缆1/2″以下(布放10m)	10米条	0.5	
TSW2-022	布放射频同轴电缆1/2″以下(每增加10m)	10米条	0.3	
TSW2-023	布放射频同轴电缆7/8″以下(布放10m)	条	1.5	
TSW2-024	布放射频同轴电缆7/8″以下(每增加10m)	10米条	0.8	
TSW2-025	布放射频同轴电缆7/8″以上(布放10m)	条	2.5	
TSW2-026	布放射频同轴电缆7/8″以上(每增加10m)	10米条	1.2	

附表1-5 安装、调测天线、馈线附属设备

编号	名称	单位	技工工日	普工工日
TSW2-027	安装调测室内天、馈线附属设备(放大器或中继器)	个	1	
TSW2-028	安装调测室内天、馈线附属设备[分路器(功分器、耦合器)]	个	0.5	
TSW2-029	安装调测室内天、馈线附属设备[分路器、匹配器(假负载)]	个	0.5	
TSW2-030	安装调测室内天、馈线附属设备(光纤分布主控单元)	架	3	
TSW2-031	安装调测室内天、馈线附属设备(光纤分布远端单元)	单元	1	

附表1-6 调测天线、馈线系统

编号	名称	单位	技工工日	普工工日
TSW2-032	基站天、馈线系统调测	条	4	
TSW2-033	分布式天、馈线系统调测	副	1.5	
TSW2-034	泄漏式电缆调测	100米条	3	
TSW2-035	配合调测天、馈线系统	站	3	

附表 1-7　安装、调测基站设备

编　号	名　称	单　位	技工工日	普工工日
TSW2-036	安装基站设备(落地式)	架	10	
TSW2-037	安装基站设备(壁挂式)	架	8	
TSW2-038	安装室外基站设备(杆高≤20m)	套	10	
TSW2-039	安装室外基站设备(杆高＞20m)	套	12	
TSW2-040	安装信道板	载频	1	
TSW2-041	安装调测直放站设备	站	12	
TSW2-042	安装室外射频拉远单元	套	4	
TSW2-043	GSM 基站系统调测(3 个载频以下)	站	30	
TSW2-044	GSM 基站系统调测(6 个载频以下)	站	50	
TSW2-045	GSM 基站系统调测(6 个载频以上每增加一个载频)	载频	3	
TSW2-046	CDMA 基站系统调测(6 个扇载以下)	站	60	
TSW2-047	CDMA 基站系统调测(每增加一个扇载)	扇载	4	

第四册　《通信线路工程》部分定额

第一章　施工测量与开挖路面

施工测量见附表 2-1。

开挖路面见附表 2-2。

附表 2-1　施工测量

编　号	名　称	单　位	技工工日	普工工日
TXL1-001	直埋光(电)工程施工测量	100m	0.70	0.30
TXL1-002	架空光(电)工程施工测量	100m	0.60	0.20
TXL1-003	管道光(电)工程施工测量	100m	0.50	
TXL1-006	GPS 定位	点	0.05	

附表 2-2　开挖路面

编　号	名　称	单　位	技工工日	普工工日
TXL1-007	人工开挖路面(混凝土路面 150mm 以下)	$100m^2$	6.88	61.92
TXL1-008	人工开挖路面(混凝土路面 250mm 以下)	$100m^2$	16.16	104.80
TXL1-011	人工开挖路面(沥青柏油路面 150mm 以下)	$100m^2$	3.80	34.20
TXL1-012	人工开挖路面(沥青柏油路面 250mm 以下)	$100m^2$	6.90	62.10
TXL1-015	人工开挖路面(砂石路面 150mm 以下)	$100m^2$	1.60	14.40
TXL1-016	人工开挖路面(砂石路面 250mm 以下)	$100m^2$	3.00	27.00
TXL1-017	人工开挖路面(混凝土砌块路面)	$100m^2$	0.60	5.40
TXL1-018	人工开挖路面(水泥花砖路面)	$100m^2$	0.50	4.50
TXL1-019	人工开挖路面(条石路面)	$100m^2$	4.40	39.60

第二章 敷设埋式光（电）缆

挖、填光（电）缆沟及接头坑见附表 2-3。

敷设埋式光（电）缆见附表 2-4。

专用塑料管道内敷设光缆见附表 2-5。

埋式光（电）缆保护与防护见附表 2-6。

附表 2-3 挖、填光（电）缆沟及接头坑

编号	名称	单位	技工工日	普工工日
TXL2-001	挖、松填光(电)缆沟及接头坑(普通土)	$100m^3$		42.00
TXL2-002	挖、松填光(电)缆沟及接头坑(硬土)	$100m^3$		59.00
TXL2-003	挖、松填光(电)缆沟及接头坑(砂砾土)	$100m^3$		81.00
TXL2-004	挖、松填光(电)缆沟及接头坑(冻土)	$100m^3$		150.00
TXL2-005	挖、松填光(电)缆沟及接头坑(软石)	$100m^3$	5.00	185.00
TXL2-008	挖、夯填光(电)缆沟及接头坑(普通土)	$100m^3$		45.00
TXL2-009	挖、夯填光(电)缆沟及接头坑(硬土)	$100m^3$		62.00
TXL2-010	挖、夯填光(电)缆沟及接头坑(砂砾土)	$100m^3$		84.00
TXL2-011	挖、夯填光(电)缆沟及接头坑(冻土)	$100m^3$		160.00
TXL2-012	挖、夯填光(电)缆沟及接头坑(软石)	$100m^3$	5.00	197.00
TXL2-015	石质沟铺盖细土	沟千米		6.00
TXL2-016	手推车倒运土方	$100m^3$	1.00	16.00

附表 2-4 敷设埋式光（电）缆

编号	名称	单位	技工工日	普工工日
TXL2-017	平原地区敷设埋式光缆(12 芯以下)	千米条	12.20	35.70
TXL2-018	平原地区敷设埋式光缆(36 芯以下)	千米条	16.68.	37.86
TXL2-019	平原地区敷设埋式光缆(60 芯以下)	千米条	21.16	40.02
TXL2-023	丘陵、水田、城区架设敷设埋式光缆(12 芯)	千米条	14.36	41.37
TXL2-024	丘陵、水田、城区架设敷设埋式光缆(36 芯)	千米条	19.68	43.89
TXL2-025	丘陵、水田、城区架设敷设埋式光缆(60 芯)	千米条	25.00	46.41
TXL2-029	山区敷设埋式光缆(12 芯以下)	千米条	17.94	50.78
TXL2-030	山区敷设埋式光缆(36 芯以下)	千米条	24.66	53.90
TXL2-031	山区敷设埋式光缆(60 芯以下)	千米条	31.38	57.20
TXL2-035	敷设埋式电缆(200 对以下)	千米条	8.35	22.84
TXL2-036	敷设埋式电缆(400 对以下)	千米条	9.49	25.91
TXL2-037	敷设埋式电缆(600 对以下)	千米条	11.08	30.23
TXL2-038	敷设埋式电缆(600 对以上)	千米条	13.51	36.76

附表 2-5 专用塑料管道内敷设光缆

编号	名称	单位	技工工日	普工工日
TXL2-047	平原地区人工敷设小口径塑料管(4 管)	km	21.22	64.25
TXL2-048	平原地区人工敷设小口径塑料管(5 管)	km	27.06	81.77
TXL2-049	平原地区人工敷设小口径塑料管(6 管)	km	31.85	96.15
TXL2-050	平原地区人工敷设小口径塑料管(7 管)	km	36.64	110.53
TXL2-092	小口径塑料管试通	孔千米	1	2
TXL2-093	小口径塑料管道充气试验	孔千米	0.5	0.5
TXL2-094	平原地区气流法穿放光缆(24 芯以下)	千米条	8.94	1.27
TXL2-095	平原地区气流法穿放光缆(48 芯以下)	千米条	10.01	1.43

附表 2-6 埋式光（电）缆保护与防护

编　号	名　称	单　位	技工工日	普工工日
TXL2-111	地下定向钻孔敷管 ϕ240mm 以下(30m 以下)	处	3.96	10.26
TXL2-112	地下定向钻孔敷管 ϕ240mm 以下(每增加 10m)	10m	0.79	2.05
TXL2-113	地下定向钻孔敷管 ϕ360mm 以下(30m 以下)	处	5.94	13.34
TXL2-114	地下定向钻孔敷管 ϕ360mm 以下(每增加 10m)	10m	1.19	2.67
TXL2-119	桥挂钢管	m	0.1	0.2
TXL2-120	桥挂塑料管	m	0.05	0.1
TXL2-121	桥挂槽道	m	0.08	0.15
TXL2-122	人工顶管	m	1	2
TXL2-123	机械顶管	m	0.6	0.2
TXL2-124	铺管保护(铺钢管)	m	0.03	0.1
TXL2-125	铺管保护(铺塑料管)	m	0.01	0.1
TXL2-126	铺管保护(铺大长度半硬塑料管)	100m	1.5	2.5
TXL2-127	铺砖保护(横铺砖)	km	2	15
TXL2-128	铺砖保护(竖铺砖)	km	2	10
TXL2-129	铺水泥盖板	km	2	13
TXL2-130	铺水泥槽	m	0.05	0.1

第三章 敷设架空光（电）缆

立杆见附表 2-7。

安装拉线见附表 2-8。

架设吊线见附表 2-9。

架设光（电）缆见附表 2-10。

附表 2-7 立杆

编　号	名　称	单　位	技工工日	普工工日
TXL3-001	立 9m 以下水泥杆(综合土)	根	0.61	0.61
TXL3-002	立 9m 以下水泥杆(软石)	根	0.64	1.28
TXL3-003	立 9m 以下水泥杆(坚石)	根	1.18	1.18
TXL3-004	立 11m 以下水泥杆(综合土)	根	0.88	0.88
TXL3-005	立 11m 以下水泥杆(软石)	根	0.94	1.88
TXL3-006	立 11m 以下水泥杆(坚石)	根	1.76	1.76
TXL3-010	立 13m 以下水泥 H 杆(综合土)	座	3.02	3.02
TXL3-011	立 13m 以下水泥 H 杆(软石)	座	3.09	6.18
TXL3-012	立 13m 以下水泥 H 杆(坚石)	座	5.68	5.68
TXL3-036	电杆根部加固及保护(石笼)	处	3.6	3
TXL3-037	电杆根部加固及保护(石护墩)	处	1.9	3.6
TXL3-038	电杆根部加固及保护(卡盘)	块	0.14	0.14
TXL3-039	电杆根部加固及保护(底盘)	块	0.1	0.1
TXL3-040	电杆根部加固及保护(水泥帮桩)	根	0.48	0.48

附表 2-8 安装拉线

编 号	名 称	单 位	技工工日	普工工日
TXL3-051	水泥杆夹板法装 7/2.2 单股拉线(综合土)	条	0.78	0.6
TXL3-052	水泥杆夹板法装 7/2.2 单股拉线(软石)	条	0.85	1.5
TXL3-053	水泥杆夹板法装 7/2.2 单股拉线(坚石)	条	1.76	0.07
TXL3-054	水泥杆夹板法装 7/2.6 单股拉线(综合土)	条	0.84	0.6
TXL3-055	水泥杆夹板法装 7/2.6 单股拉线(软石)	条	0.92	1.6
TXL3-056	水泥杆夹板法装 7/2.6 单股拉线(坚石)	条	1.82	0.11
TXL3-057	水泥杆夹板法装 7/3.0 单股拉线(综合土)	条	0.98	0.6
TXL3-058	水泥杆夹板法装 7/3.0 单股拉线(软石)	条	1.07	1.7
TXL3-059	水泥杆夹板法装 7/3.0 单股拉线(坚石)	条	1.96	0.11
TXL3-060	水泥杆另缠法装 7/2.2 单股拉线(综合土)	条	0.86	0.6
TXL3-061	水泥杆另缠法装 7/2.2 单股拉线(软石)	条	0.94	1.5
TXL3-062	水泥杆另缠法装 7/2.2 单股拉线(坚石)	条	1.76	0.06
TXL3-105	装设 2×7/2.6 拉线(综合土)	处	1.42	0.8
TXL3-106	装设 2×7/2.6 拉线(软石)	处	1.75	2.6
TXL3-107	装设 2×7/2.6 拉线(坚石)	处	2.38	0.13
TXL3-108	装设 2×7/3.0 拉线(综合土)	处	1.67	1
TXL3-109	装设 2×7/3.0 拉线(软石)	处	1.81	2.8
TXL3-110	装设 2×7/3.0 拉线(坚石)	处	2.63	0.16
TXL3-135	制作横木拉线地锚(7/2.6 单条单下)	个	0.4	0.2
TXL3-136	制作横木拉线地锚(7/3.0 单条单下)	个	0.42	0.2
TXL3-137	制作横木拉线地锚(7/2.2 单条双下)	个	0.3	0.2
TXL3-138	制作横木拉线地锚(7/2.6 单条双下)	个	0.32	0.2

附表 2-9 架设吊线

编 号	名 称	单 位	技工工日	普工工日
TXL3-163	水泥杆架设 7/2.2 吊线(平原)	千米条	5.42	5.64
TXL3-164	水泥杆架设 7/2.2 吊线(丘陵)	千米条	7.05	7.34
TXL3-165	水泥杆架设 7/2.2 吊线(山区)	千米条	8.07	8.46
TXL3-166	水泥杆架设 7/2.2 吊线(城区)	千米条	8	8.5
TXL3-167	水泥杆架设 7/2.6 吊线(平原)	千米条	5.6	5.82
TXL3-168	水泥杆架设 7/2.6 吊线(丘陵)	千米条	7.28	7.57
TXL3-169	水泥杆架设 7/2.6 吊线(山区)	千米条	8.4	8.74
TXL3-170	水泥杆架设 7/2.6 吊线(城区)	千米条	8.5	9
TXL3-171	水泥杆架设 7/3.0 吊线(平原)	千米条	5.76	6.05
TXL3-172	水泥杆架设 7/3.0 吊线(丘陵)	千米条	7.49	7.79
TXL3-173	水泥杆架设 7/3.0 吊线(山区)	千米条	8.64	9
TXL3-174	水泥杆架设 7/3.0 吊线(城区)	千米条	8.64	9
TXL3-175	架设 100 米以内辅助吊线	条档	1	1

附表 2-10 架设光（电）缆

编号	名称	单位	技工工日	普工工日
TXL3-177	架设架空光缆平原(36 芯以下)	千米条	11.79	9.6
TXL3-178	架设架空光缆平原(60 芯以下)	千米条	13.23	10.77
TXL3-181	架设架空光缆 丘陵、城区、水田(36 芯以下)	千米条	16.55	12.79
TXL3-182	架设架空光缆 丘陵、城区、水田(60 芯以下)	千米条	18.15	14.34
TXL3-185	架设架空光缆 山区(36 芯以下)	千米条	19.21	14.97
TXL3-186	架设架空光缆 山区(60 芯以下)	千米条	21.57	16.82
TXL3-189	架设自承式架空光缆(36 芯以下)	千米条	18.15	20.9
TXL3-190	架设自承式架空光缆(60 芯以下)	千米条	20.28	23.35
TXL3-192	吊线式架空电缆(200 对以下)	千米条	11.84	13.89
TXL3-193	吊线式架空电缆(400 对以下)	千米条	13.58	15.95

第四章 敷设管道及其他光（电）缆

敷设管道光（电）缆见附表 2-11。

打墙洞、安装支撑物、引上管及保护设施见附表 2-12。

引上光（电）缆见附表 2-13。

墙壁光（电）缆见附表 2-14。

布放成端电缆见附表 2-15。

附表 2-11 敷设管道光（电）缆

编号	名称	单位	技工工日	普工工日
TXL4-003	人工敷设塑料子管(3 孔子管)	km	11.1	18.98
TXL4-004	人工敷设塑料子管(4 孔子管)	km	12.84	23.32
TXL4-005	人工敷设塑料子管(5 孔子管)	km	14.58	27.66
TXL4-006	布放光(电)缆人孔抽水(积水)	个		1
TXL4-007	布放光(电)缆人孔抽水(流水)	个		2
TXL4-008	布放光(电)缆人孔抽水	个		0.5
TXL4-009	敷设管道光缆(12 芯以下)	千米条	11.3	21.63
TXL4-010	敷设管道光缆(36 芯以下)	千米条	13.66	26.16
TXL4-017	人工敷设管道电缆(200 对以下)	千米条	11.76	20.03
TXL4-018	人工敷设管道电缆(400 对以下)	千米条	13.94	23.74
TXL4-019	人工敷设管道电缆(800 对以下)	千米条	17.79	30.26

附表 2-12 打墙洞、安装支撑物、引上管及保护设施

编号	名称	单位	技工工日	普工工日
TXL4-031	打人(手)孔墙洞砖砌人孔(3 孔管以下)	处	0.36	0.36
TXL4-032	打人(手)孔墙洞砖砌人孔(3 孔管以上)	处	0.54	0.54
TXL4-033	打人(手)孔墙洞混凝土人孔(3 孔管以下)	处	0.6	0.6
TXL4-034	打人(手)孔墙洞混凝土人孔(3 孔管以上)	处	0.9	0.9
TXL4-036	打穿楼墙洞(混凝土墙)	个	0.3	0.3
TXL4-038	打穿楼层洞(混凝土楼层)	个	0.3	0.3
TXL4-039	增装支撑物(终端支撑物)	套	0.3	0.3
TXL4-040	增装支撑物(中间支撑物)	套	0.15	0.15
TXL4-041	安装引上钢管(杆上)	根	0.25	0.25
TXL4-042	安装引上钢管(墙上)	根	0.35	0.35
TXL4-043	钉固皮线塑料槽板	百米条	3.46	3.46
TXL4-044	进局光(电)缆防水封堵	处	0.5	0.5
TXL4-045	光(电)缆上线洞楼层间防火封堵	处	0.08	

附表 2-13　引上光（电）缆

编　号	名　称	单　位	技工工日	普工工日
TXL4-046	穿放引上光缆	条	0.6	0.6
TXL4-047	电杆和墙壁引上电缆(200 对以下)	条	0.43	0.43
TXL4-048	电杆和墙壁引上电缆(200 对以上)	条	0.48	0.96

附表 2-14　墙壁光（电）缆

编　号	名　称	单　位	技工工日	普工工日
TXL4-049	架设吊线式墙壁光缆	百米条	5.23	5.23
TXL4-050	架设钉固式墙壁光缆	百米条	3.34	3.33
TXL4-051	架设自承式墙壁光缆	百米条	4.81	4.81
TXL4-052	架设吊线式墙壁电缆(200 对以下)	百米条	5.23	5.23
TXL4-053	架设吊线式墙壁电缆(200 对以上)	百米条	5.48	5.48
TXL4-054	架设钉固式墙壁电缆(200 对以下)	百米条	3.34	3.33
TXL4-055	架设钉固式墙壁电缆(200 对以上)	百米条	3.59	3.58
TXL4-056	架设自承式墙壁电缆(100 对以下)	百米条	4.81	4.81
TXL4-057	架设自承式墙壁电缆(100 对以上)	百米条	5.06	5.06

附表 2-15　布放成端电缆

编　号	名　称	单　位	技工工日	普工工日
TXL4-066	布放总配线架成端电缆(600 对以下)	条	9.12	
TXL4-067	布放总配线架成端电缆(800 对以下)	条	11.52	
TXL4-075	布放交接箱成端电缆(600 对以下)	条	7.6	
TXL4-076	布放交接箱成端电缆(800 对以下)	条	10.4	
TXL4-080	布放组线箱成端电缆(50 对以下)	条	1.08	
TXL4-081	布放组线箱成端电缆(100 对以下)	条	1.55	
TXL4-082	布放组线箱成端电缆(100 对以上)	条	2.6	

第五章　光（电）缆接续与测试

光缆接续与测试见附表 2-16。

电缆接续与测试见附表 2-17。

附表 2-16　光缆接续与测试

编　号	名　称	单　位	技工工日	普工工日
TXL5-003	光缆接续(36 芯以下)	头	6.84	
TXL5-004	光缆接续(48 芯以下)	头	8.58	
TXL5-005	光缆接续(60 芯以下)	头	10.2	
TXL5-006	光缆接续(72 芯以下)	头	11.7	
TXL5-015	光缆成端接头	芯	0.25	
TXL5-016	8 芯带以下带状光缆接续(48 芯以下)	头	3.94	
TXL5-017	8 芯带以下带状光缆接续(72 芯以下)	头	5.09	
TXL5-037	带状光缆成端接头	带	0.25	
TXL5-040	40km 以上光缆中继段测试(36 芯以下)	中继段	16.8	
TXL5-041	40km 以上中继段光缆测试(48 芯以下)	中继段	19.32	
TXL5-042	40km 以上中继段光缆测试(60 芯以下)	中继段	21.84	
TXL5-069	40km 以下光缆中继段测试(36 芯以下)	中继段	14	
TXL5-070	40km 以下光缆中继段测试(48 芯以下)	中继段	16.1	
TXL5-071	40km 以下光缆中继段测试(60 芯以下)	中继段	18.2	
TXL5-098	用户光缆测试(36 芯以下)	段	6.1	
TXL5-099	用户光缆测试(48 芯以下)	段	7.6	
TXL5-100	用户光缆测试(60 芯以下)	段	9	

附表 2-17　电缆接续与测试

编　号	名　称	单　位	技工工日	普工工日
TXL5-125	成端电缆芯线接续(0.6 以下)	百对	1.2	
TXL5-126	成端电缆芯线接续(0.9 以下)	百对	1.35	
TXL5-127	塑隔电缆芯线接续 0.6 以下(接线子式)	百对	1.1	
TXL5-128	塑隔电缆芯线接续 0.6 以下(模块式)	百对	0.66	
TXL5-129	塑隔电缆芯线接续 0.9 以下(接线子式)	百对	1.4	
TXL5-130	塑隔电缆芯线接续 0.9 以下(模块式)	百对	0.84	
TXL5-131	电缆芯线改接 0.6 以下	百对	3.5	
TXL5-132	电缆芯线改接 0.9 以下	百对	4	
TXL5-149	封焊热可缩套(包)管(ϕ50×900 以下)	个	0.56	0.14
TXL5-150	封焊热可缩套(包)管(ϕ70×900 以下)	个	0.72	0.18
TXL5-151	封焊热可缩套(包)管(ϕ90×900 以下)	个	0.96	0.24
TXL5-152	封焊热可缩套(包)管(ϕ110×900 以下)	个	1.12	0.28
TXL5-153	封焊热可缩套(包)管(ϕ130×900 以下)	个	1.28	0.32
TXL5-154	封焊热可缩套(包)管(ϕ150×900 以下)	个	1.52	0.38
TXL5-155	封焊热可缩套(包)管(ϕ170×900 以下)	个	1.6	0.4
TXL5-156	封焊热可缩套(包)管(ϕ180×900 以下)	个	1.76	0.44

第六章　安装线路设备

安装光（电）缆进线室设备见附表 2-18。

附表 2-18　安装光（电）缆进线室设备

编　号	名　称	单　位	技工工日	普工工日
TXL6-004	安装架空交接箱(600 对以下)	个	4.5	4.5
TXL6-005	安装架空交接箱(1200 对以下)	个	5.9	5.9
TXL6-008	安装落地式交接箱(1200 对以下)	个	3.2	3.2
TXL6-009	安装落地式交接箱(2400 对以下)	个	4.1	4.1
TXL6-012	安装墙挂式交接箱(600 对以下)	个	2.9	2.9
TXL6-013	安装墙挂式交接箱(1200 对以下)	个	3.85	3.85

第五册　《通信管道工程》部分定额

第一章　施工测量与挖、填管道沟及人孔坑

施工测量与开挖路面见附表 3-1。

开挖与回填管道沟及人（手）孔坑见附表 3-2。

挡土板及抽水见附表 3-3。

附表 3-1 施工测量与开挖路面

编号	名称	单位	技工工日	普工工日
TGD1-001	施工测量	km	30	
TGD1-002	人工开挖路面混凝土路面(150 以下)	$100m^2$	6.88	61.92
TGD1-003	人工开挖路面混凝土路面(250 以下)	$100m^2$	16.16	104.8
TGD1-004	人工开挖路面混凝土路面(350 以下)	$100m^2$	25.44	147.68
TGD1-005	人工开挖路面混凝土路面(450 以下)	$100m^2$	34.72	190.56
TGD1-006	人工开挖路面柏油路面(150 以下)	$100m^2$	3.8	34.2
TGD1-007	人工开挖路面柏油路面(250 以下)	$100m^2$	6.9	62.1
TGD1-008	人工开挖路面柏油路面(350 以下)	$100m^2$	10	90
TGD1-009	人工开挖路面柏油路面(450 以下)	$100m^2$	13.1	117.9
TGD1-010	人工开挖路面砂石路面(150 以下)	$100m^2$	1.6	14.4
TGD1-011	人工开挖路面砂石路面(250 以下)	$100m^2$	3	27
TGD1-012	人工开挖路面混凝土砌块路面	$100m^2$	0.6	5.4
TGD1-013	人工开挖路面水泥花砖路面	$100m^2$	0.5	4.5
TGD1-014	人工开挖路面条石路面	$100m^2$	4.4	39.6

附表 3-2 开挖与回填管道沟及人（手）孔坑

编号	名称	单位	技工工日	普工工日
TGD1-015	开挖管道沟及人(手)孔坑(普通土)	$100m^3$		26
TGD1-016	开挖管道沟及人(手)孔坑(硬土)	$100m^3$		43
TGD1-017	开挖管道沟及人(手)孔坑(砂砾土)	$100m^3$		65
TGD1-018	开挖管道沟及人(手)孔坑(软石)	$100m^3$	5	170
TGD1-019	开挖管道沟及人(手)孔坑坚石(人工)	$100m^3$	24	458
TGD1-020	开挖管道沟及人(手)孔坑坚石(爆破)	$100m^3$	50	180
TGD1-021	开挖管道沟及人(手)孔坑(冻土)	$100m^3$		124.03
TGD1-022	回填土方(松填原土)	$100m^3$		16
TGD1-023	回填土方(夯填原土)	$100m^3$		26
TGD1-024	回填土方[夯填灰土(2∶8)]	$100m^3$	10	55
TGD1-025	回填土方[夯填灰土(3∶7)]	$100m^3$	10	60
TGD1-026	回填土方(夯填级配砂石)	$100m^3$	9	55
TGD1-027	回填土方(夯填碎石)	$100m^3$	10	60
TGD1-028	手推车倒运土方	$100m^3$	1	16

附表 3-3 挡土板及抽水

编号	名称	单位	技工工日	普工工日
TGD1-029	挡土板(管道沟)	100m	3.31	6.69
TGD1-030	挡土板(人孔坑)	个	1.72	1.72
TGD1-031	管道沟抽水(弱水流)	100m	0.5	1.5
TGD1-032	管道沟抽水(中水流)	100m	0.5	3.5
TGD1-033	管道沟抽水(强水流)	100m	0.5	5.5
TGD1-034	人孔坑抽水(弱水流)	个	0.5	3.5
TGD1-035	人孔坑抽水(中水流)	个	0.5	5.5
TGD1-036	人孔坑抽水(强水流)	个	0.5	7.5
TGD1-037	手孔坑抽水(弱水流)	个	0.5	1.5
TGD1-038	手孔坑抽水(中水流)	个	0.5	2.5
TGD1-039	手孔坑抽水(强水流)	个	0.5	3.5

第二章　敷设通信管道

混凝土管道基础见附表 3-4。

敷设水泥管道见附表 3-5。

敷设塑料管道（包括硬管、波纹管、栅格管、蜂窝管）见附表 3-6。

敷设镀锌钢管管道见附表 3-7。

管道填充水泥砂浆、混凝土包封见附表 3-8。

砌筑通信光（电）缆通道见附表 3-9。

附表 3-4　混凝土管道基础

编　号	名　称	单　位	技工工日	普工工日
TGD2-001	管道碎石底基一立型(350 宽)	100m	2.19	3.29
TGD2-002	管道碎石底基一平型(460 宽)	100m	2.78	4.18
TGD2-010	混凝土管道基础一立型(350 宽)(C20)	100m	5.48	8.21
TGD2-011	混凝土管道基础一立型(350 宽)(C25)	100m	5.48	8.21
TGD2-014	混凝土管道基础一平型(460 宽)(C20)	100m	6.96	10.43
TGD2-015	混凝土管道基础一平型(460 宽)(C25)	100m	6.96	10.43
TGD2-036	混凝土管道基础加筋一立型(350 宽)	100m	0.57	0.85
TGD2-037	混凝土管道基础加筋一平型(460 宽)	100m	0.71	1.07

附表 3-5　敷设水泥管道

编　号	名　称	单　位	技工工日	普工工日
TGD2-042	敷设水泥管道四孔管	100m	3.82	5.73
TGD2-043	敷设水泥管道一立型	100m	4.32	6.48
TGD2-044	敷设水泥管道一平型	100m	4.72	7.08
TGD2-045	敷设水泥管道二立型	100m	8.21	12.31
TGD2-046	敷设水泥管道二平型	100m	8.97	13.45

附表 3-6　敷设塑料管道（包括硬管、波纹管、栅格管、蜂窝管）

编　号	名　称	单　位	技工工日	普工工日
TGD2-061	敷设塑料管道 2 孔(2×1)	100m	1.12	1.68
TGD2-062	敷设塑料管道 3 孔(3×1)	100m	1.6	2.4
TGD2-063	敷设塑料管道 4 孔(2×2)	100m	2.13	3.19
TGD2-064	敷设塑料管道 6 孔(3×2)	100m	3.04	4.56
TGD2-065	敷设塑料管道 9 孔(3×3)	100m	4.41	6.61
TGD2-066	敷设塑料管道 12 孔(4×3)	100m	5.78	8.66

附表 3-7　敷设镀锌钢管管道

编　号	名　称	单　位	技工工日	普工工日
TGD2-076	敷设镀锌钢管管道 2 孔(2×1)	100m	1.28	1.92
TGD2-077	敷设镀锌钢管管道 3 孔(3×1)	100m	1.82	2.74
TGD2-078	敷设镀锌钢管管道 4 孔(2×2)	100m	2.43	3.65
TGD2-079	敷设镀锌钢管管道 6 孔(3×2)	100m	3.46	5.2
TGD2-080	敷设镀锌钢管管道 9 孔(3×3)	100m	5.02	7.54
TGD2-081	敷设镀锌钢管管道 12 孔(4×3)	100m	6.58	9.87
TGD2-082	敷设镀锌钢管管道 18 孔(6×3)	100m	9.54	14.32

附表 3-8 管道填充水泥砂浆、混凝土包封

编 号	名 称	单 位	技工工日	普工工日
TGD2-087	管道填充水泥砂浆 1∶2.5	m^3	1.54	1.54
TGD2-088	管道填充水泥砂浆 1∶3	m^3	1.54	1.54
TGD2-090	管道混凝土包封 C15	m^3	1.74	1.74
TGD2-091	管道混凝土包封 C20	m^3	1.74	1.74
TGD2-092	管道混凝土包封 C25	m^3	1.74	1.74

附表 3-9 砌筑通信光（电）缆通道

编 号	名 称	单 位	技工工日	普工工日
TGD2-094	砖砌通信光(电)缆通道(240mm 砖砌体、无人孔口圈部分、1.6m 宽通道)	100m	218.09	235.31
TGD2-095	砖砌通信光(电)缆通道(240mm 砖砌体、无人孔口圈部分、1.5m 宽通道)	100m	213.13	229.97
TGD2-098	砖砌通信光(电)缆通道(370mm 砖砌体、无人孔口圈部分、1.6m 宽通道)	100m	14.61	17.85
TGD2-099	砖砌通信光(电)缆通道(370mm 砖砌体、无人孔口圈部分、1.5m 宽通道)	100m	12.89	13.9
TGD2-102	砖砌通信光(电)缆通道(240mm 砖砌体、人孔口圈部分、1.6m 宽通道)	2m/处	5.57	24.08
TGD2-103	砖砌通信光(电)缆通道(240mm 砖砌体、人孔口圈部分、1.5m 宽通道)	2m/处	5.17	24.88
TGD2-106	砖砌通信光(电)缆通道(370mm 砖砌体、人孔口圈部分、1.6m 宽通道)	2m/处	27.91	30.12
TGD2-107	砖砌通信光(电)缆通道(370mm 砖砌体、人孔口圈部分、1.5m 宽通道)	2m/处	28.34	30.57
TGD2-110	砖砌通信光(电)缆通道(240mm 砖砌体、两端头侧墙部分、1.6m 宽通道)	两端	1.77	1.91
TGD2-111	砖砌通信光(电)缆通道(240mm 砖砌体、两端头侧墙部分、1.5m 宽通道)	两端	1.66	1.79
TGD2-114	砖砌通信光(电)缆通道(370mm 砖砌体、两端头侧墙部分、1.6m 宽通道)	两端	2.41	2.87
TGD2-115	砖砌通信光(电)缆通道(370mm 砖砌体、两端头侧墙部分、1.5m 宽通道)	两端	2.26	2.69

第三章 砌筑人（手）孔

砖砌人（手）孔（现场浇筑上覆）见附表 3-10。

砖砌人（手）孔（现场吊装上覆）见附表 3-11。

砌筑混凝土砌块人孔（现场吊装上覆）见附表 3-12。

砖砌配线手孔见附表 3-13。

附表 3-10 砖砌人（手）孔（现场浇筑上覆）

编 号	名 称	单 位	技工工日	普工工日
TGD3-001	砖砌人孔(现场浇灌上覆)小号直通型	个	9.99	12.2
TGD3-002	砖砌人孔(现场浇灌上覆)小号三通型	个	14.32	17.5
TGD3-003	砖砌人孔(现场浇灌上覆)小号四通型	个	14.61	17.85
TGD3-009	砖砌人孔(现场浇筑上覆)中号直通型	个	12.89	13.9
TGD3-010	砖砌人孔(现场浇筑上覆)中号三通型	个	22.32	24.08
TGD3-011	砖砌人孔(现场浇筑上覆)中号四通型	个	23.06	24.88
TGD3-017	砖砌人孔(现场浇筑上覆)大号直通型	个	20.58	22.21
TGD3-018	砖砌人孔(现场浇筑上覆)大号三通型	个	27.91	30.12
TGD3-019	砖砌人孔(现场浇筑上覆)大号四通型	个	28.34	30.57

附表 3-11 砖砌人（手）孔（现场吊装上覆）

编号	名称	单位	技工工日	普工工日
TGD3-027	砖砌人孔(现场吊装上覆)小号直通型	个	7.96	9.75
TGD3-028	砖砌人孔(现场吊装上覆)小号三通型	个	11.22	13.72
TGD3-029	砖砌人孔(现场吊装上覆)小号四通型	个	11.43	13.98
TGD3-035	砖砌人孔(现场吊装上覆)中号直通型	个	10.34	11.16
TGD3-036	砖砌人孔(现场吊装上覆)中号三通型	个	18.28	19.72
TGD3-037	砖砌人孔(现场吊装上覆)中号四通型	个	18.71	20.18
TGD3-043	砖砌人孔(现场吊装上覆)大号直通型	个	16.65	17.97
TGD3-044	砖砌人孔(现场吊装上覆)大号三通型	个	22.57	24.36
TGD3-045	砖砌人孔(现场吊装上覆)大号四通型	个	22.88	24.68
TGD3-054	砖砌手孔(现场吊装上覆)90×120 手孔	个	6.4	6.14
TGD3-055	砖砌手孔(现场吊装上覆)120×170 手孔	个	8.67	8.33

附表 3-12 砌筑混凝土砌块人孔（现场吊装上覆）

编号	名称	单位	技工工日	普工工日
TGD3-056	砌筑混凝土砌块人孔(现场吊装上覆)1.5×0.9×1.2	个	2.93	3.22
TGD3-057	砌筑混凝土砌块人孔(现场吊装上覆)1.8×1.2×1.8	个	3.51	3.86
TGD3-058	砌筑混凝土砌块人孔(现场吊装上覆)2.0×1.4×1.8	个	3.98	4.38
TGD3-059	砌筑混凝土砌块人孔(现场吊装上覆)2.4×1.4×1.8	个	4.78	5.26
TGD3-060	砌筑混凝土砌块人孔(现场吊装上覆)3.0×1.5×1.8	个	6.2	6.83
TGD3-061	砌筑混凝土砌块人孔(现场吊装上覆)4.0×2.0×1.8	个	10.34	11.38
TGD3-062	砌筑混凝土砌块人孔(现场吊装上覆)6.2×2.0×1.8	个	15.23	16.76
TGD3-063	砌筑混凝土砌块人孔(现场吊装上覆)8.5×2.0×1.8	个	20.87	22.97

附表 3-13 砖砌配线手孔

编号	名称	单位	技工工日	普工工日
TGD3-064	砖砌配线手孔小手孔	个	0.91	1.19
TGD3-065	砖砌配线手孔一号手孔	个	1.48	1.95
TGD3-066	砖砌配线手孔二号手孔	个	2.65	3.6
TGD3-067	砖砌配线手孔三号手孔	个	3.28	4.45
TGD3-068	砖砌配线手孔四号手孔	个	4.08	5.43

第四章 管道防护工程及其他

防水见附表 3-14。

拆除及其他见附表 3-15。

附表 3-14 防水

编号	名称	单位	技工工日	普工工日
TGD4-001	防水砂浆抹面法(五层)混凝土墙面	m^2	0.08	0.24
TGD4-002	防水砂浆抹面法(五层)砖砌墙	m^2	0.08	0.24
TGD4-003	油毡防水法二油一毡	m^2	0.1	
TGD4-004	油毡防水法三油二毡	m^2	0.14	
TGD4-005	油毡防水法增一油一毡	m^2	0.07	
TGD4-006	玻璃布防水法二油一布	m^2	0.21	
TGD4-007	玻璃布防水法三油二布	m^2	0.28	
TGD4-008	玻璃布防水法增一油一布	m^2	0.14	
TGD4-009	聚氨酯防水一布一面	m^2	0.48	
TGD4-010	聚氨酯防水增一布一面	m^2	0.28	

附表 3-15 拆除及其他

编 号	名 称	单 位	技工工日	普工工日
TGD4-011	人(手)孔碎石底基	m^2	0.05	0.05
TGD4-012	砂浆砖砌体(C10)	m^3	0.85	1.28
TGD4-013	砂浆抹面(1∶2.5)	m^2	0.1	0.15
TGD4-015	人孔壁开窗口	处		2
TGD4-016	拆除旧人孔	处		12
TGD4-017	拆除旧手孔	个		6
TGD4-018	拆除旧管道	百孔米		1

附录二 通信建设工程施工机械、仪表台班定额

1. 通信工程机械台班单价定额

通信工程机械台班单价定额见附表 4-1。

附表 4-1 通信工程机械台班单价定额

编 号	名 称	规 格(型号)	台班单价/元
TXJ0001	光纤熔接机		168
TXJ0002	带状光纤熔接机		409
TXJ0003	电缆模块接续机		74
TXJ0004	交流电焊机	21kV·A	58
TXJ0005	交流电焊机	30kV·A	69
TXJ0006	汽油发电机	10kW	290
TXJ0007	柴油发电机	30kW	323
TXJ0008	柴油发电机	50kW	333
TXJ0009	电动卷扬机	3t	57
TXJ0010	电动卷扬机	5t	60
TXJ0011	汽车式起重机	5t	400
TXJ0012	汽车式起重机	8t	575
TXJ0013	汽车式起重机	16t	868
TXJ0014	汽车式起重机	25t	1052
TXJ0015	载重汽车	5t	154
TXJ0016	载重汽车	8t	220
TXJ0017	载重汽车	12t	294
TXJ0018	叉式装载车	3t	331
TXJ0019	叉式装载车	5t	401
TXJ0020	光缆接续车		242
TXJ0021	电缆工程车		574
TXJ0022	电缆拖车		69
TXJ0023	滤油机		57

续表

编　　号	名　　称	规 格(型号)	台班单价/元
TXJ0024	真空滤油机		247
TXJ0025	真空泵		120
TXJ0026	台式电钻机	ϕ25mm	61
TXJ0027	立式钻床	ϕ25mm	62
TXJ0028	金属切割机		54
TXJ0029	氧炔焊接设备		81
TXJ0030	燃油式路面切割机		121
TXJ0031	电动式空气压缩机	0.6m^3/min	51
TXJ0032	燃油式空气压缩机	6m^3/min	326
TXJ0033	燃油式空气压缩机(含风镐)	6m^3/min	330
TXJ0034	污水泵		56
TXJ0035	抽水机		57
TXJ0036	夯实机		53
TXJ0037	气流敷设设备(含空气压缩机)		1449
TXJ0038	微管微缆气吹设备		1715
TXJ0039	微控钻孔敷管设备(套)	25t 以下	1803
TXJ0040	微控钻孔敷管设备(套)	25t 以上	2168
TXJ0041	水泵冲槽设备(套)		417
TXJ0042	水下光(电)缆沟挖冲机		1682
TXJ0043	液压顶管机	5t	348

2. 通信工程仪表台班单价定额

通信工程仪表台班单价定额见附表 4-2。

附表 4-2　通信工程仪表台班单价定额

编　　号	名　　称	规 格(型号)	台班单价/元
TXY0001	数字传输分析仪	155M/622M	1002
TXY0002	数字传输分析仪	2.5G	1956
TXY0003	数字传输分析仪	10G	2909
TXY0004	稳定光源		72
TXY0005	误码测试仪	2M	66
TXY0006	光可变衰耗器		99
TXY0007	光功率计		62
TXY0008	数字频率计		169
TXY0009	数字宽带示波器	20G	873
TXY0010	数字宽带示波器	50G	1956
TXY0011	光谱分析仪		626
TXY0012	多波长计		333

续表

编　　号	名　　称	规 格(型号)	台班单价/元
TXY0013	信令分析仪		257
TXY0014	协议分析仪		66
TXY0015	ATM 性能分析仪		1002
TXY0016	网络测试仪		105
TXY0017	PCM 通道测试仪		198
TXY0018	用户模拟呼叫器		626
TXY0019	数据业务测试仪		1193
TXY0020	漂移测试仪		1765
TXY0021	中继模拟呼叫器		742
TXY0022	光时域反射仪		306
TXY0023	偏振模色散测试仪		626
TXY0024	操作测试终端(电脑)		74
TXY0025	音频振荡器		72
TXY0026	音频电平表		80
TXY0027	射频功率计		127
TXY0028	天馈线测试仪		193
TXY0029	频谱分析仪		78
TXY0030	微波信号发生器		149
TXY0031	微波/标量网络分析仪		695
TXY0032	微波频率计		145
TXY0033	噪声测试仪		157
TXY0034	数字微波分析仪(SDH)		145
TXY0035	射频/微波步进衰耗器		92
TXY0036	微波传输测试仪		364
TXY0037	数字示波器	350M	95
TXY0038	数字示波器	500M	121
TXY0039	微波线路分析仪		466
TXY0040	视频、音频测试仪		187
TXY0041	视频信号发生器		193
TXY0042	音频信号发生器		165
TXY0043	绘图仪		76
TXY0044	中频信号发生器		113
TXY0045	中频噪声发生器		72
TXY0046	测试变频器		145
TXY0047	TEMS 路测设备(测试手机配套使用)		1956
TXY0048	网络优化测试仪		1048
TXY0049	综合布线线路分析仪		153
TXY0050	经纬仪		68
TXY0051	GPS 定位仪		56
TXY0052	地下管线探测仪		173
TXY0053	对地绝缘探测仪		173

参 考 文 献

[1] 王洪，陈健．建设项目管理．北京：机械工业出版社，2004.

[2] 李立高，胡庆旦，殷文珊．通信工程概预算．北京：人民邮电出版社，2004.

[3] 刘强等．通信管道与线路工程设计．北京：国防工业出版社，2006.

[4] 李立高．光纤通信工程．北京：人民邮电出版社，2004.

[5] 于润伟．通信工程管理．北京：机械工业出版社，2008.

[6] 李立高．通信工程概预算．北京：北京邮电大学出版社，2010.